HR-Basics für Start-ups

Constanze Buchheim • Martina Weiner

HR-Basics für Start-ups

Recruiting und Retention im Digitalen Zeitalter

Springer Gabler

Constanze Buchheim
i-potentials GmbH
Berlin, Deutschland

Martina Weiner
i-potentials GmbH
Berlin, Deutschland

ISBN 978-3-658-03892-2
ISBN 978-3-658-03893-9 (eBook)
DOI 10.1007/978-3-658-03893-9

Die Deutsche Nationalbibliothek verzeichnet diese Publikation in der Deutschen Nationalbibliografie; detaillierte bibliografische Daten sind im Internet über http://dnb.d-nb.de abrufbar.

Springer Gabler

Springer Gabler ist eine Marke von Springer DE. Springer DE ist Teil der Fachverlagsgruppe Springer Science+Business Media
www.springer-gabler.de

Vorwort

In den letzten sieben Jahren hatten wir die Chance viele Start-ups in ihrer Entstehung und in starken Wachstumsphasen zu begleiten. Währenddessen konnten wir immer wieder beobachten, dass dem Thema Human Resources (HR) in den Köpfen der Gründer nur selten die Bedeutung zugeschrieben wird, die es im „War for Talent“ benötigt. HR wird in kleinen und jungen Unternehmen häufig so lange stiefmütterlich behandelt, bis es so aufwendig wird, dass es an eine Assistentin übergeben wird, die sich dann häufig zur Personalverantwortlichen entwickelt – meist ohne Vorerfahrung. Dies ist nicht grundsätzlich falsch. Ganz im Gegenteil: Die meisten HR-Verantwortlichen im Start-up machen selbst ohne Vorerfahrung sehr viel richtig, weil sie als Mitglieder der Generation Y spüren, was den Talenten von heute wichtig ist. Dennoch könnte der Aufbau eines HR-Bereiches mit mehr Vorwissen und Tipps zügiger erfolgen und gängige Fehler vermieden werden. Keine Gründung oder Idee sollte daran scheitern, dass nicht die richtigen Köpfe ins Team geholt und gebunden werden können!

Auch uns fehlte in den Anfangsphasen dieser Ratgeber, weshalb wir in unseren früheren Rollen als Personalverantwortliche in schnellwachsenden Start-ups auf unseren gesunden Menschenverstand vertraut haben und über Fehler gelernt haben – weil wir es mussten. Diese Erfahrungen geben wir mittlerweile in unserer Beraterrolle weiter. Wir sehen täglich, welchen Unterschied auch nur kleine Tipps und Empfehlungen machen können und haben dabei erkannt, als wie hilfreich diese Erfahrungen bewertet werden. Genau aus diesem Grund haben wir uns dazu entschieden, unsere Erfahrungen in einem Buch zusammenzufassen. Ein Buch, das zentrale Grundlagen beschreibt, die den meisten erfahrenen Personalverantwortlichen bekannt sein dürften, aber in ihrer Zusammenstellung und Kontextbetrachtung ein neues, ganzheitliches Modell ergeben, das neue Ansätze für das Recruiting und die Bindung von Mitarbeitern im digitalen Zeitalter liefern soll.

Vor diesem Hintergrund ist das Buch vor allem, aber nicht nur, für Start-ups und Einsteiger geschrieben. Es soll auch Personalverantwortlichen, die den eigenen HR-Bereich neu aufstellen, zeigen wie die nächste Generation arbeitet, rekrutiert und ihre Mitarbeiter bindet. Es liefert Erkenntnisse über die aktuellen Veränderungen auf dem Arbeitsmarkt – ein Markt, auf dem sich nahezu jedes etablierte Unternehmen mit den Herausforderungen des digitalen Wandels konfrontiert sieht und sich dabei neu aufstellen und verjüngen muss. Unsere Tipps sollen dabei helfen und konzentrieren sich deshalb vor allem auf die

Aspekte, die vor dem Hintergrund des „War for Talent“ und der Digitalisierung in Aufbausituationen wichtig sind und nicht zwangsläufig auf alle Aspekte, die im HR-Management relevant werden können.

Aus diesem Grund folgt der inhaltliche Aufbau des Buches auch dem Kernprozess des Recruiting. Ausgehend von den Grundlagen über die einzelnen Prozessschritte des Recruiting bis hin zum Retention Management der gewonnenen Mitarbeiter werden wichtige Details und Tipps vermittelt und in einen Gesamtzusammenhang gebracht, der als Modell und damit als Hilfestellung für einen erfolgreichen und nachhaltigen Teamaufbau dienen soll.

Wenn wir in diesem Kontext von der Generation Y oder den Motiven der Generation Y sprechen sei erwähnt, dass sich die Motive nicht auf diese Gruppe beschränken. Vielmehr sind sie Teil eines gesamtgesellschaftlichen Wertewandels, der sich aktuell vollzieht und alle Generationen und Bevölkerungsteile erfasst, auch wenn sich der Motivwandel am stärksten in der Kohorte der gut ausgebildeten Generation Y bemerkbar macht, auf die wir unsere Ausführungen beziehen. Am ehesten lassen sich unsere Erkenntnisse und Beobachtungen auf Internet-Start-ups übertragen und gelten vor allem für die Talente, die in derartigen Modellen gebraucht werden. In allen anderen Bereichen, wie der produzierenden Industrie, gilt es, die Erkenntnisse, die sich trotzdem nutzen lassen, auf die Rahmenbedingungen zu übertragen.

Unser Buch ist als Praxisratgeber geschrieben, der allen Unternehmen helfen soll, sich im digitalen Zeitalter neu aufzustellen. Es basiert zu einem großen Teil auf unseren eigenen Erfahrungen und unseren Beobachtungen, die wir aus der Interaktion mit mehr als 20.000 Kandidaten – vorwiegend Digital Natives – und mehr als 1000 Gesprächen mit Kunden jeder Phase gewonnen haben. Nicht der Beweis der Existenz der Symptome steht für uns daher im Vordergrund, da es hierfür bereits ausreichend Literatur gibt. In unserem Fokus stehen die Handlungsempfehlungen, die dabei helfen sollen, mit den bestehenden Rahmenbedingungen umzugehen und Lösungen zu entwickeln. Wir hoffen, dass es der Glaubwürdigkeit der Inhalte keinen Abbruch tut – denn glauben Sie uns oder nicht, die Zeichen dafür, dass wir uns im „War for Talent“ befinden und Ansprüche sich verändern sind mehr als eindeutig und wir sehen sie in den zahlreichen Gesprächen, die wir täglich führen, mit faszinierender Konstanz bestätigt. Jeder kann selbst entscheiden, ob er an sie glaubt, sie ignoriert oder anfängt, sie als gegeben zu akzeptieren und zu handeln. Die Beschwerde über den Fachkräftemangel reicht heutzutage nicht mehr aus – jetzt heißt es aktiv zu werden, um sich im Kampf um die besten Köpfe durchzusetzen. Wir hoffen, dass Ihnen unser Buch dabei hilft.

Constanze Buchheim und Martina Weiner

Inhaltsverzeichnis

1 Einführung: Warum der so oft zitierte Fachkräftemangel vor allem ein Recruiting-Problem ist

Das Zeitalter der Digitalisierung ist in aller Munde. Schnelle Veränderungen, Wettbewerbsdruck und die geringe Halbwertszeit des Wissens prägen unseren Alltag. Damit sind auch die Anforderungen an Unternehmen und Mitarbeiter enorm gestiegen: Sie müssen sich nicht nur ständig flexibel anpassen, weiterentwickeln und Altes aufgeben können, sondern auch relevante Beteiligte im Prozess der ständigen Innovation miteinbeziehen können. Allein durch die veränderten Rahmenbedingungen wird die Gewinnung neuer Talente deutlich herausfordernder und aufwändiger. Soll weiterhin eine ähnlich große Auswahl relevanter Kandidaten generiert werden, müssen bei höheren Anforderungen daher auch die Anzahl der Bewerber erhöht werden, beziehungsweise vor allem die am besten passenden Kandidaten erreicht werden. Schafft es ein Unternehmen nicht, die Bewerberzahlen und gleichzeitig auch die Kandidatenqualität maßgeblich zu erhöhen, bedeutet dies in der Regel künftig längere Besetzungszyklen. Herausforderung genug – sollte man meinen.

Hinzu kommen jedoch weitere Aspekte, die Recruiting und Bindung im digitalen Zeitalter in der Wahrnehmung der Unternehmen zur Sisyphos-Arbeit werden lassen: Die demographischen Veränderungen der Gesellschaft, die das Angebot verfügbarer Bewerber weiter verknappen; die durch die gesamtgesellschaftliche Veränderung gestiegenen Ansprüche der Bewerber, die aufgrund der demographischen Situation mittlerweile auch meist durchsetzbar sind; das im digitalen Zeitalter veränderte Informationsverhalten der Bewerber, welches Bewerber von heute insgesamt passiver werden lässt, sowie die Tatsache, dass es kaum Ausbildungsinhalte und -formate für den Digitalbereich gibt, die darauf ausgerichtet sind, dass das „aktuelle" Wissen in immer kürzeren Zyklen veraltet.

Diese Rahmenbedingungen führen dazu, dass sich Recruiting im digitalen Zeitalter stark verändern muss und deutlich aufwändiger und komplexer gestaltet. Um die Vielzahl dieser Faktoren auszugleichen müssten Unternehmen eben auch in logischer Konsequenz ein Vielfaches investieren, um die Bewerberquantität und vor allem auch -qualität zu erhalten. Genau dieser Schritt erfolgt jedoch nur selten.

C. Buchheim, M. Weiner, *HR-Basics für Start-ups,* DOI 10.1007/978-3-658-03893-9_1

Um den Anforderungen gerecht zu werden muss darüber hinaus ganzheitliches HR-Management eine andere Priorisierung und Besetzung erfahren: Ein Personalmanager mit rechtlichem Hintergrund und administrativer Leidenschaft reicht in dieser Situation nicht mehr aus. Plötzlich werden fitte Generalisten benötigt, die das Markt- und Geschäftsverständnis mitbringen, um auf relevante Unternehmensanforderungen mit einer ganzheitlichen HR-Strategie reagieren zu können.

Auch das unterbleibt jedoch in unseren Beobachtungen in vielen Unternehmen. Häufig werden wir nach der Frage nach dem Recruiter oder dem Personalverantwortlichen mit der Antwort überrascht, dass sich jemand im Office Management um die Administration und die Ausschreibungen kümmere. Wer diese Aufgaben noch als die Kernaufgaben des HR-Bereichs betrachtet, hat kaum eine Chance sich im Kampf um die besten Talente zu behaupten. Selbst in großen Unternehmen treffen wir immer wieder auf Personalbereiche, in denen nach wie vor niemand das Thema Recruiting alleinverantwortlich steuert; in Anbetracht des „War for Talent" ein fataler Fehler, den sich kein Unternehmen mit Blick auf die Zukunft mehr leisten sollte.

Gerade Organisationen, deren Unternehmensgründung bereits länger zurückliegt und die entsprechend ihr Unternehmen in Zeiten eines weitestgehend entspannten Arbeitsmarktes aufgebaut haben, haben häufig systemimmanente Schwierigkeiten diese Veränderung zu akzeptieren und veraltete Denkansätze im Recruiting und im Mitarbeitermanagement abzulegen. Talent Management- und Retention-Überlegungen sind damit teilweise recht neue Themen. Personalverantwortliche dieser Unternehmen gehen weiterhin davon aus, dass es noch ausreicht, Stellenanzeigen auf der eigenen Website und auf ein bis zwei Portalen zu veröffentlichen und damit die besten Bewerber zu generieren. Aber weit gefehlt: Im digitalen Zeitalter gelten neue Bedingungen auf dem Arbeitsmarkt, die es verbieten weiter zu praktizieren wie bisher. Hoch qualifizierte Kandidaten müssen sich heute nicht mehr bewerben. Sie lassen sich von Unternehmen und Headhuntern ansprechen und werden bereits vermittelt bevor sie sich jemals aktiv auf dem Bewerbermarkt bewegt haben. Die Generation Y, also die Generation derjenigen, die zwischen 1980 und 2000 geboren wurden (vgl. [1]), hat die Ära des Diktats des Talents eingeläutet. Die wenigen, sehr gut ausgebildeten Köpfe dieser Generation, auf die sich unsere Ausführungen beziehen, sind diejenigen, die aufgrund ihrer Medienaffinität und Kompetenzen künftigen Wandel gestalten können und daher auch benötigt und sehr stark umworben werden. Sie können sich in dieser Situation ihren nächsten Arbeitgeber sehr bewusst aussuchen und wissen dies auch. Nicht mehr nur der Arbeitgeber prüft im Rahmen einer Bewerbung einen Kandidaten. Auch der Kandidat bewertet mittlerweile sehr genau in einem mehrstufigen Prozess vor und während einer Bewerbung, ob er überhaupt in einem bestimmten Unternehmen arbeiten möchte. Nicht mehr nur die reine Stelleninformation ist in diesem Prozess wichtig, sondern vor allem auch die Signale, die das Unternehmen als Arbeitgeber sendet und die damit auch die Arbeitgebermarke prägen. Hier werden mittlerweile vor allem das Verhalten der Führungskräfte und der HR-Verantwortlichen im Bewerbungsprozess von Kandidaten genauer unter die Lupe genommen. Auch die Aussagen von aktuellen und ehemaligen Mitarbeitern werden geprüft, sowie die Frage, ob das Unternehmen die zentralen Bedürfnisse der Mitarbeiter erfüllen kann: Eigenverantwortlichkeit, Augenhöhe in den Arbeitsbeziehungen und die bestmögliche Weiterentwicklung stehen dabei im Vordergrund. Nur Unternehmen, die dieser Prüfung standhalten und signalisieren, dass sie mit dem höchsten Gut der Kandidaten, ihrer Lebenszeit, verantwortungsvoll umgehen, kommen überhaupt in die engere Auswahl der Bewerber.

Recruiting ist damit kein einseitiger Informationsprozess mehr und es ist Unternehmensaufgabe, den Bewerbern an möglichst vielen Schnittstellen die relevanten und passenden Informationen zur Verfügung zu stellen und sie von einer Bewerbung zu überzeugen. Werden diese Bedürfnisse missachtet wird das entsprechend mit sinkenden Bewerberzahlen oder eben abnehmender Bewerberqualität quittiert. Viele Unternehmen schreiben diesen Umstand allerdings meist alleine dem viel ausgerufenen Fachkräftemangel zu. Damit wird die Lösung von Problemen schnell an andere, also die Politik, abgegeben. Diese Einstellung ist jedoch weder richtig, wie Martin Gaedt in seinem Buch „Mythos Fachkräftemangel" (vgl. [2]) belegt, noch mittelbar hilfreich, da sie zu einer passiven und abwartenden Haltung führt, die somit keine Lösungen und Ergebnisse generiert.

Sinnvoller und wertschöpfender ist es, den aktuellen Zustand als „War for Talent" zu akzeptieren und zu erkennen, dass um exzellente Mitarbeiter genauso stark gekämpft werden muss, wie auch im Vertrieb oder Marketing neue Kunden gewonnen werden müssen. Niemand würde bei der Neukundengewinnung die Politik allein in die Verantwortung nehmen. Warum? Weil es im Gegensatz zum Recruiting der Mitarbeiter ganz klar als nicht durch äußere Faktoren beeinflussbare Unternehmensaufgabe wahrgenommen wird. Genau als diese muss auch Recruiting künftig betrachtet werden um aktiv werden zu können. Hier fehlt häufig noch die Erkenntnis und entsprechend auch die Bereitschaft Recruiting und Retention Management höher zu priorisieren und in diese Bereiche vor allem auch zu investieren – sowohl zeitlich als auch finanziell.

Investitionen, die Gründer und Unternehmenslenker häufig nicht bereit sind zu tätigen, die sich jedoch auszahlen, da sie maßgeblichen Einfluss auf die Signale der Arbeitgebermarke nehmen. Und diese ist zur zentralen Basis des Recruiting und Retention Managements avanciert, denn Employer Branding wird spätestens dann zur strategisch relevanten Aufgabe, wenn fehlende Top-Talente zum größten Hemmnis für die Umsetzung von Ideen werden. So zeigt eine aktuelle Studie des Start-up-Instituts, dass über 40 % der Gründer personelle Engpässe als Hauptgrund für das Scheitern von Start-ups erachten und über 79 % gestehen ein große Schwierigkeiten beim Recruiting zu haben (vgl. [3]). Nicht nur etablierte Unternehmen kämpfen also mit den Herausforderungen im Recruiting.

Dabei machen Start-ups in diesem Prozess intuitiv schon sehr viel richtig, da die Köpfe der Organisation selbst zur Generation Y gehören und sie das Unternehmen von Beginn an auch auf die aktuellen Bedürfnisse ausrichten. Schwierig und aufwändig ist es für sie trotzdem, denn eine konsistente Arbeitgebermarke zu schaffen, für die sich Top-Talente auch entscheiden, erfordert vor allem Zeit. Zeit der Gründer und der ersten Köpfe des Unternehmens. Zeit, die gerade in Gründungsphasen selten investiert wird. Aber genau diese Zeit, die Führungskräfte am Anfang einer Gründung in die Schaffung einer übergreifenden Strategie und in die Definition eines Unternehmensleitbildes, also in die Vision, Mission und die Definition der Unternehmenswerte, investieren, macht häufig den Unterschied. Nur diejenigen Start-ups, die sich von Anfang an der erfolgskritischen Bedeutung von Talenten für ihr Unternehmen bewusst sind und dieses Bewusstsein auch in ihrem Alltag leben, haben mittel- und langfristig auch eine Chance am Markt zu bestehen.

Eine ganzheitliche und authentische Arbeitgebermarke als Ziel und Ergebnis erfolgreicher HR-Arbeit wird vor diesem Hintergrund nicht zur Marketingaufgabe des Personalbereichs, sondern setzt auf der höchsten strategischen Ebene an. Nur Unternehmen, die ihre Prozesse, Systeme und Managementpraktiken konsequent auf ein Leitbild hin ausrichten, werden es schaffen, glaubwürdige Botschaften zu senden, die Bewerber am Ende überzeugen.

Auch die Anforderungen an die Personalverantwortlichen und Recruiter verändern sich. Personalarbeit ist heute harte Marketing- und Vertriebsrealität geworden und gestaltet sich deutlich komplexer, als es die Meisten erwarten oder kennen. Personalverantwortliche müssen Marketing- und Netzwerkexperten mit Vertriebstalent sein. In manchen Bereichen kann es sogar sein, dass sich die Personalverantwortlichen nicht nur um das Employer Branding, sondern sogar um das Branding einer ganzen Branche kümmern müssen, also sogar Industry Branding betreiben müssen. Wenn ein Bereich beispielsweise mit vielen Vorurteilen zu kämpfen hat, wie zum Beispiel die Games Branche oder die Start-up-Szene in ihren Anfängen, reicht es nicht aus, zu kommunizieren, dass das Unternehmen der richtige Ort für die nächsten Jahre ist. Unternehmen müssen dann bereit sein, auch in die Aufklärung und Beseitigung von branchenübergreifenden Vorurteilen zu investieren.

Genau diese Extrameile zu gehen, macht im „War for Talent“ den Unterschied. Unternehmen, die sich entschieden haben, mit wirklich allen Mitteln um die Besten zu kämpfen, sind gleichzeitig auch diejenigen, die aktiv werden und auffallen. Gerade Start-ups können hier punkten: Mit ihrer Flexibilität und Agilität können sie teilweise sogar die Großen ausstechen, denn es entscheiden keineswegs nur mehr die Ressourcen darüber, wer die besten Kandidaten anziehen kann. Vor allem Geschwindigkeit und Kandidatenorientierung zahlen sich heute aus. Wer schneller auf die richtigen Kandidaten zugeht, wer es versteht ihre Bedürfnisse zu befriedigen und wer bereit ist, die relevanten Ressourcen in der Organisation für genau diese Arbeit zur Verfügung zu stellen, kann sich entscheidende Vorteile sichern, insbesondere wenn eine starke Vision vorhanden ist, die zur Identifikation und Selbstselektion der Bewerber beiträgt.

Ohne Vorüberlegungen zu den strategischen Grundlagen der Personalarbeit, die im optimalen Ergebnis zu einer authentischen Employer Brand führen, und ohne die Bereitschaft personell, zeitlich und finanziell in das Recruiting und die Bindung der künftigen Mitarbeiter zu investieren, wird Recruiting im digitalen Zeitalter dagegen sehr schwer und langsam vonstattengehen.

Das Wichtigste dabei ist, sich dafür zu entscheiden, den Kampf um die Wenigen, den Kampf um die Besten aktiv anzugehen, statt sich zu ergeben und darauf zu warten, dass sich die richtigen Kandidaten alleine bewerben. Denn es gibt sie, die richtigen Kandidaten, aber Unternehmen in jeder Phase müssen auch bereit sein, diese zu suchen und neue systematische Wege zu beschreiten, um die wirklich passenden Kandidaten zu gewinnen und zu binden. Dieser Prozess beginnt nicht erst mit der Suche der Richtigen, sondern vor allem schon mit dem Bewusstsein darüber, wer überhaupt der Richtige ist.

Weiterführende Literatur

1. Deutsche Gesellschaft für Personalführung e. V., Düsseldorf. Zwischen Anspruch und Wirklichkeit: Generation Y finden, fördern und binden; PraxisPapier 9/2011. http://www.dgfp.de/wissen/personalwissen-direkt/dokument/87801/herunterladen. Zugegriffen: 25. Juni 2014
2. Gaedt M (2014) Mythos Fachkräftemangel: Was auf Deutschlands Arbeitsmarkt gewaltig schiefläuft, Aufl. 1. Wiley-VCH Verlag GmbH & Co. KGaA, Weinheim
3. Wirminghaus N (2014) Umfrage: Vier von fünf Startups leiden unter dem Fachkräftemangel. http://www.gruenderszene.de/allgemein/startups-fachkraeftemangel-umfrage. Zugegriffen: 10. April 2014

Teil I
Vorüberlegungen im Recruiting

Stellenplanungs- und Freigabeprozess 2

Zusammenfassung

Auch wenn wir keine Freunde von Bürokratie und übermäßiger Administration sind und insbesondere die Verantwortung des HR-Managers oder Recruiters nicht im Aufsetzen von Administrationsprozessen sehen, gilt dennoch: Soviel Administration wie nötig, so wenig wie möglich, da sie für Phasen des schnellen Wachstums vorbereitet. Wenn es einen Punkt im HR-Management gibt, der frühzeitig formalisiert beziehungsweise mit Kontrollmechanismen versehen werden sollte, dann ist es der Prozess der Stellenplanung und Stelleneröffnung, da dadurch unkontrolliertes Wachstum verhindert werden kann. Gerade durch das nicht koordinierte Wachstum und ungesteuerte Stelleninflation kann in Start-ups enorm viel zerstört werden, was im Employer Branding lange und mühsam aufgebaut wird, wurde oder noch aufgebaut werden soll.

2.1 Freigabeprozesse: Warum sich eine koordinierte Stellenplanung und Stellenfreigabe nachhaltig auszahlt

Mit wachsenden Aufgabenbergen im Start-up-Alltag konfrontiert sehen die meisten Manager häufig nur eine Lösung: mehr Personal. Da im Start-up selten von Anfang an Budgetvorgaben oder Planungen existieren und eher reagiert statt agiert wird, werden Stellen ohne Prüfprozess kurzerhand geöffnet. Damit werden Vakanzen ohne Überlegungen zu Anforderungen oder internen Besetzungsmöglichkeiten direkt ausgeschrieben. Die Konsequenzen werden unterschätzt. Es kommt durch diesen unkoordinierten Öffnungsprozess häufig zu einer regelrechten Stelleninflation. Nicht selten sehen wir Unternehmen, die unkoordiniert dreißig Stellen oder noch wesentlich mehr gleichzeitig zu besetzen versuchen.

C. Buchheim, M. Weiner, *HR-Basics für Start-ups*, DOI 10.1007/978-3-658-03893-9_2

Aber größere Teams führen nicht automatisch zu weniger Arbeit: Sie bedeuten neben hohen Recruiting-Kosten auch, dass entsprechende Managementkapazitäten und Erfahrung bereitgestellt werden müssen. Die Zeit, die Managementaufgaben erfordern, wird von unerfahrenen Mitarbeitern in der Regel unterschätzt, so dass zu schnelles Wachstum neben erhöhter Ineffizienz häufig zu Lasten der Mitarbeitermotivation geht. Fehlende Onboarding-Prozesse, also die koordinierte Integration neuer Mitarbeiter, sowie mangelnde Teamstrukturen tuen dann ihr Übriges. Ein gefährlicher Mix entsteht: Die Kosten explodieren und gleichzeitig sinkt die Motivation im Team. Damit setzt ein Abwärtsmechanismus ein, an dessen Ende meist vermeidbare Restrukturierungen oder Massenentlassungen stehen. Das Gegenmittel ist einfach: Ein koordinierter Stellenöffnungsprozess muss von Anfang an etabliert werden. Das heißt, es müssen klare Verantwortlichkeiten und ein einfacher Prozess für die Personalplanung, die Budgetfreigabe und die Stellenöffnung definiert werden.

Was den Bedarfsplanungsprozess betrifft, lohnt es sich aufbauend auf der Unternehmensstrategie einen groben Personalplan für die kommenden sechs oder zwölf Monate zu erstellen und diesen monatlich in einem gesetzten Termin zu überprüfen und zu aktualisieren. Wir wissen, dass Planung im Start-up schwierig ist. Dennoch sollten Dynamik und Flexibilität keine Ausreden sein, sich nicht mit der meist unbeliebten Planung auseinander zu setzen. Hier gilt dann die Regel, dass die Dynamik die Frequenz bestimmt. Soll heißen: Je stärker sich ein Start-up noch verändert, umso kürzer sollte der Planungshorizont sein und immer wieder überprüft werden. Wichtig ist, dass es überhaupt einen Plan gibt, gegen den auch gemessen und gemanagt werden kann.

Zu Beginn ist die Personalplanung grundsätzlich Gründersache. Erst wenn sich die Teams und das Modell eingespielt haben, kann diese Verantwortung ans Managementteam übergeben werden. Diese Zeitinvestition senkt auf lange Sicht Kosten und zahlt sich vor allem auch strukturell aus, da Start-ups so ungeplanten Entlassungswellen und Mitarbeiterfrustration im Vorfeld entgegenwirken können.

Eine genaue Bedarfsplanung bedeutet, vor der Stellenöffnung zunächst folgende Fragen zu prüfen:

- Wer arbeitet im Team momentan an genau welchen Aufgaben?
- Welche Aufgaben gibt es, wird es geben und wie können diese auf die unterschiedlichen Positionen verteilt werden?
- Wie viel Potential haben die einzelnen Mitarbeiter? Können Sie mit ihren Aufgaben mitwachsen?
- Ist eine Streichung, eine sinnvollere Umverteilung oder eine Delegation von bestimmten Aufgaben möglich, beziehungsweise sind die Aufgaben bereits priorisiert?
- Welche Ineffizienzen könnten beseitigt werden, welche Aufgaben automatisiert werden?
- Handelt es sich um einen kurzfristigen oder einen langfristigen Bedarf und gibt es entsprechende Alternativen zur Stellenöffnung?

- Falls Aufgaben neu entstehen beziehungsweise „übrig bleiben“: Kann und sollte eine Person im Team entwickelt werden, um die Aufgaben übernehmen zu können und stattdessen eine andere Position neu besetzt werden?

Wichtig ist insbesondere die Überprüfung, ob die Aufgaben nicht auch durch die Entwicklung eines oder mehrerer Mitarbeiter im bestehenden Team erfüllt werden können. Hier gilt immer das Prinzip „Entwicklung vor externer Rekrutierung“, da auf diese Weise interne Mitarbeiter auf verantwortungsvollere Positionen gezogen und damit weiterentwickelt werden können. Dies ist nicht nur für die Bindung der Mitarbeiter wichtig, sondern erleichtert gleichzeitig das Recruiting, da somit ein Mitarbeiter für kleinere Rollen gesucht werden kann, was meist kosteneffizienter und schneller möglich ist.

Sollte die Prüfung des Bedarfs tatsächlich ergeben, dass eine neue Stelle geschaffen und geöffnet werden muss, sollte ebenfalls überprüft werden, ob genügend Management-Kapazität bei demjenigen vorhanden ist, der für das neue Teammitglied verantwortlich sein wird. Denn nur wenn Zeit für ein professionelles Onboarding und Führung vorhanden ist, wird sich die Neubesetzung auch nachhaltig auszahlen.

Genau wie die Personalplanung ist der Freigabeprozess für eine neue Stelle insbesondere zu Beginn Gründersache. Damit können unverträglich schnelle Kostenexplosionen, zu schnelles Personalwachstum und unbedachte Personalentscheidungen vermieden und ein gesundes, nachhaltiges Wachstum gefördert werden. Wenn der Freigabeprozess nicht von den Gründern selbst begleitet wird, sollte sich der Prozess in jedem Falle so lange wie möglich in CXO-Hand mit klarer Verantwortlichkeit befinden, um eine ganzheitliche strategische Personal- und Kostenplanung zu gewährleisten und damit professionelle Personalarbeit möglich zu machen. Falls bereits ein Personalbereich existiert oder sich im Aufbau befindet, sollte dieser von Anfang an die Gesamtprozessverantwortung tragen oder diese so früh wie möglich zu sich holen. Dies kann während des Aufbaus des Bereichs ein anstrengender Prozess sein, weil er viel Überzeugungsarbeit bedarf, haben doch die Fachbereiche bisher meist selbst rekrutiert und schenken der Personalabteilung oft wenig Vertrauen, weil sie sie oft eher als Verwalter denn als Unterstützer der Bereiche wahrnehmen. Hier gilt es dann eben genau dieses Vertrauen aufzubauen, indem Personalverantwortliche mit Ergebnissen überzeugen und nicht aus Prinzip Themen zu sich holen. An dieser Stelle überzeugen vor allem Pragmatismus und Ergebnisorientierung. Denn auch wenn die Fachbereiche stark involviert sind und sein sollten, fehlt ihnen am Ende doch der Fokus und die Zeit einen kompletten und professionellen Stellenprozess zu betreuen.

2.2 Die Stellendefinition: Warum eine Stelle nicht nur aus Aufgaben besteht

Erst wenn die Personalplanung im Rahmen steht und eine neue Stelle freigegeben ist, kann diese Stelle auch geöffnet werden. Dies bedeutet, dass der Recruiting-Prozess mit der Definition der Stelle als Grundlage für die Suche angestoßen wird. Hier sollte im

Prozess gelten: Wer eine Stelle öffnen möchte, ist auch für die Erstellung des jeweiligen Anforderungsprofils verantwortlich. Wie wird eine Stelle jedoch so definiert, dass der bestmöglich passende Kandidat rekrutiert werden kann?

Sich Zeit zu nehmen zahlt sich auch hier aus: Wer einfach einen Titel benennt und diverse Komponenten, die der Stelle am nächsten kommen, aus Google zusammenkopiert, findet zwar Bewerber, doch ob es auch die passenden für die Position sind, bleibt fraglich. Die Vorselektion fällt dann deutlich ineffizienter aus. Ohne ausreichende Vorüberlegungen zum Profil kann es sein, dass ein guter Kandidat nicht einmal als geeignet erkannt wird, wenn er sich präsentiert. In solchen Fällen wird ewig nach dem richtigen Bewerber gesucht, obwohl noch unklar ist, was er eigentlich tun und damit können sollte.

Der Recruiting-Prozess dauert in solchen Fällen umso länger und ist sehr aufwändig, da Erkenntnisse erst nach einem Gespräch in die Definition eingearbeitet werden und die Suche dann noch einmal ganz von Neuem starten muss. Damit entsteht im Recruiting unnötige Arbeit, weshalb es im eigenen Interesse der Recruiter liegen sollte, bei der Stellenöffnung das Profil wirklich zu hinterfragen und im Detail zu definieren, um sicher zu stellen, dass alle relevanten und bis dahin möglichen Vorüberlegungen auch schon eingeflossen sind.

Es ist die erste Pflicht des Recruiters, sicher zu stellen, dass diese Überlegungen qualifiziert stattfinden, bevor die Suche startet und zwar mit demjenigen, der am Ende auch für die Auswahl verantwortlich sein wird. Das erfordert meist ein gewisses Maß an Durchsetzungsstärke, Diplomatie und Standing beim Recruiter, da der Fachbereich die Aufgabe natürlich gern komplett delegieren würde, bedeutet sie doch Zeitaufwand, der von den ‚wichtigen und richtigen' Aufgaben des Bereiches ablenkt. Genau hierüber müssen Recruiter aufklären und den Prozess mit Diplomatie und Durchsetzungsstärke so gestalten, dass der Fachbereich involviert, aber dennoch unterstützt ist. Das richtige Maß ist hier entscheidend, denn natürlich soll der Recruiter helfen, ganz allein sollte und kann er das Profil in der Regel aber nicht erstellen. Dafür fehlen leider auch viel zu häufig die Einblicke in das Alltagsgeschäft der Bereiche oder des Unternehmens. Ein Grund, weshalb sich insbesondere die Recruiter mit den operativen Themen der Abteilungen und den Köpfen der Fachbereiche vertraut machen sollten.

In einer professionellen Stellendefinition geht es im ersten Schritt, wie der Name es schon sagt, um die Definition der Stelle, nicht um die Beschreibung der Anforderungen an die Person, die diese Stelle später ausfüllen wird. Der Schritt der Definition der Anforderungen folgt erst im Anschluss. Bei der Stellendefinition wird zunächst festgelegt, welche Aufgaben wirklich zu der Vakanz gehören werden, welche Erwartungen an die Rolle gestellt werden und unter Umständen auch, wie die Stelle durch die Unternehmenswerte beeinflusst wird, beziehungsweise andersherum die Unternehmenskultur beeinflussen wird. Es ist wichtig zu verstehen, dass es nicht mit der reinen Aufgabenbeschreibung getan ist, sondern zu einer Stellendefinition auch immer die Rollenerwartung und die Unternehmenswerte gehören (Abb. 2.1).

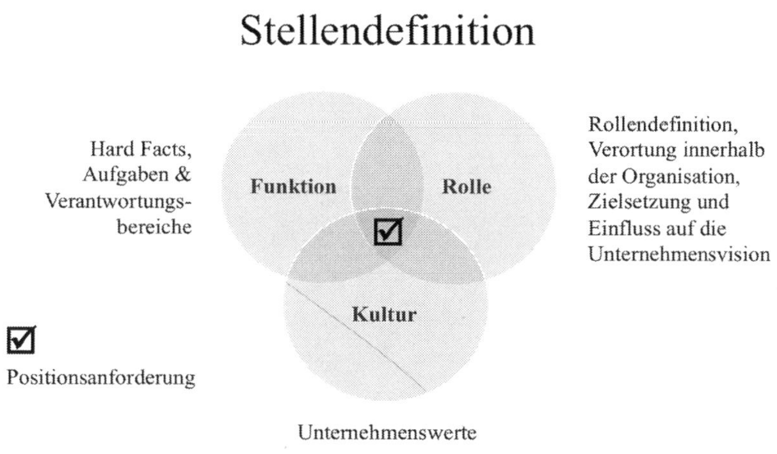

Abb. 2.1 Stellendefinition

Funktion:
- Welche Aufgaben werden zur Position gehören?
- Welche Verantwortungen/Entscheidungsbereiche etc. gehören zur Position?

Rolle:
- Auf welcher Unternehmensebene ist die Rolle eingeordnet – was ist das Grundprofil der Position (Spezialist, Manager oder Führungskraft)?
- Welche Bedeutung ist mit der Rolle verbunden, welchen Beitrag liefert die Position für das Erreichen der Vision?
- In welcher Beziehung steht die Rolle zu anderen Rollen im Unternehmen?
- Welches Ergebnis soll mit der Rolle erreicht werden – worauf zielt sie ab?

Kultur:
- Welche Werte sind für die Stelle besonders wichtig und warum?
- Welche Prinzipien müssen in der Rolle gelten?

Gerade die Bestimmung der Rolle wird häufig vernachlässigt und selten klar und bewusst vorgenommen. Deren Festlegung ist aber von enormer Bedeutung für die Definition des „Richtigen". Zur Vereinfachung der Rollenfestlegung kann das Pyramidenmodell nach Merath dienen (vgl. [5]), in dem die Spezialistenrolle von der des Managers und derjenigen der Unternehmensführung klar unterschieden wird: Während sich ein Spezialist nach der Definition dadurch kennzeichnet, dass er im Unternehmen arbeitet, arbeiten Manager und Unternehmer am Unternehmen. Der Manager wirkt dabei nach innen gerichtet, indem er unter anderem die Spezialisten steuert, der Gründer beziehungsweise die Führungskraft, arbeitet vor allem nach außen gerichtet, indem er die strategische Richtung definiert, um den langfristigen Unternehmenswert zu steigern (Abb. 2.2). Alle drei Rollen unterscheiden sich maßgeblich in ihren Verantwortungen, Aufgaben und Arbeitsweisen.

Abb. 2.2 Rollenpyramide

Die Beschreibung der Rolle im Kontext der Organisation ist ein wichtiger Bestandteil der Stellendefinition, da in Start-ups oft unbewusst viele Dinge zusammengetragen und in einer Person gesucht werden, die aus Rollensicht kaum kombinierbar sind, weil sie unterschiedliche, manchmal sogar gegenläufige Persönlichkeitseigenschaften erfordern.

Die Rollenfestlegung hängt sehr eng mit der Unternehmensphase zusammen und es gilt: Je jünger und kleiner das Unternehmen, desto mehr sind Generalisten gefragt. Steigen die erfolgskritischen spezifischen Aufgaben über ein handhabbares Maß und ist das Unternehmen ausreichend finanziert, ist der Zeitpunkt gekommen, Spezialisten einzustellen und die Rollenschwerpunkte etwas zu verschieben.

In jedem Fall sollte zumindest der Rollenschwerpunkt definiert werden, auch wenn eine Person zu Beginn noch mehrere Rollen ausfüllen muss. Wird, basierend auf den Geschäftsanforderungen, eine Person gesucht, die Fachaufgaben mit Expertise ausführen kann oder jemand, der diese Spezialisten koordiniert und Strukturen schafft? Oder wird der Kopf eines Bereichs oder einer Organisation gesucht, welcher die strategische Marschrichtung vorgeben kann? Wenn solch eine Entscheidung nicht im klaren Bewusstsein gefällt wird, kann es schnell passieren, dass statt eines Managers ein Spezialist eingestellt wird, ohne dass dies im ersten Schritt unbedingt auffällt. Erwartungen an die Person und Fähigkeiten sowie die persönliche Arbeitsweise divergieren dann sehr schnell, insbesondere wenn vom fachlich exzellenten Mitarbeiter plötzlich Mitarbeiterführung erwartet wird und der gerade eingestellte Mitarbeiter mit den neuen Aufgaben plötzlich überfordert ist.

So würde eine Vermischung von Rollen in Folge eines Ressourcenengpasses beispielsweise im HR-Bereich bedeuten, dass ein Recruiter gesucht wird und genau dieser Spezialist gefunden und eingestellt wird, dann von ihm allerdings erwartet wird, dass er übergeordnet denkt und arbeitet, um auch die Rolle des HR-Managers halbwegs mit zu erledigen. Dies gelingt allerdings nur, wenn eben in Vorfeld bereits ein Recruiter mit Managementpotential gesucht und eingestellt wurde. Wenn diese bewusste Vorüberlegung fehlt und tatsächlich ein reiner Spezialist ohne Managementpotential besetzt wurde, kollidieren Wunsch und Realität, ohne dass der Kandidat etwas dafür kann. In solchen Fällen kommt es gegebenenfalls sogar zur Trennung obwohl der Kandidat als Spezialist sehr gut gewesen wäre. Ein klares Anforderungsprofil mit bewusster Rollenschwerpunktentscheidung ist also absolut ausschlaggebend für die langfristige Bindung eines Mitarbeiters.

Im Start-up sind häufig schon wegen der Ressourcenengpässe Rollenkompromisse nötig, es ist jedoch zentral sich diese Kompromisse, insbesondere vor dem Hintergrund der Potentialeinschätzung und Führung des Mitarbeiters, bewusst zu machen und klare Entscheidungen zu treffen. Im beschriebenen Fall läge die Entscheidung zwischen der Einstellung eines Recruiters mit Managementpotential und der Einstellung eines Managers mit der Bereitschaft, einen Teil seiner Zeit aktiv im Recruiting zu arbeiten. Mit dieser Entscheidung definiert sich automatisch auch, nach welchem Erfahrungshintergrund gesucht werden muss. Das heißt also, dass ohne eine bewusste Stellendefinition der beste Prozess und die besten Screening-Fähigkeiten am Ende nichts nützen. Klare Vorüberlegungen zur Stellendefinition zahlen sich langfristig aus und erleichtern automatisch die korrekte Erstellung des korrespondierenden Anforderungsprofils – also der Definition der Anforderungen, die Bewerber mitbringen müssen, um die Vorgaben des Stellenprofils erfüllen zu können.

2.3 Das Anforderungsprofil: Warum Fachwissen alleine nicht ausreicht

Im Anforderungsprofil, also der Beschreibung der Kriterien, die der künftige Mitarbeiter erfüllen sollte, um der definierten Position gerecht zu werden, werden die Erfahrungen und Qualifikationen, das motivbasierte Verhalten und auch die Persönlichkeit, die der ideale Kandidat mitbringen muss, definiert. Auch hier reicht es nicht aus, nur zu definieren, welches Fachwissen oder welche Erfahrung jemand mitbringen muss, um die Aufgaben zu erfüllen.

Häufig wird die Anforderungsdefinition sporadisch und nicht systematisch erstellt, beziehungsweise mit einem deutlichen Schwerpunkt auf Aufgaben und Fachwissen. Hierbei werden jedoch wichtige Aspekte für die spätere Zusammenarbeit vernachlässigt. Oft scheitern Kandidaten im Start-up nämlich nicht an der fachlichen Eignung, sondern daran, dass sie auf persönlicher Basis nicht mit dem Vorgesetzten oder innerhalb des Teams arbeiten können oder ihre Arbeitsweise trotz fachlicher Kenntnisse inadäquat für den Bereich ist. Bei der Vernachlässigung einer dieser Punkte entstehen damit in der Regel Einstellungsfehler, die später zu Entlassungen führen, obwohl der Kandidat fachlich geeignet erschien. Auf die unterschiedlichen Besetzungsfehler wird in Kap. 8.1 noch einmal näher eingegangen.

Ähnlich wie bei der Stellendefinition gilt es im Anforderungsprofil (Abb. 2.3) immer die drei Bereiche zu betrachten, die mit denjenigen der Stellendefinition korrespondieren, um ein umfassendes Profil zu erhalten.

Neben den Kompetenzen, wie beispielsweise Kommunikationsfähigkeit, Organisationsfähigkeit, Analytik und ähnlichem, und dem spezifischen Wissen und Qualifikatio-

Abb. 2.3 Anforderungsprofil

nen, die ein Kandidat mitbringen muss, um die Aufgaben erfüllen zu können, ist es ebenso wichtig Persönlichkeitsmerkmale beziehungsweise Präferenzen hinsichtlich der Arbeitsweise zu definieren, die mit der Rolle korrespondieren, wie zum Beispiel Extrovertiertheit oder Detailgenauigkeit. Außerdem ist es zentral zu definieren, welche Werte dem Kandidaten wichtig sein sollten, damit er grundsätzlich zur Unternehmenskultur inklusive den strategischen Grundlagen des Unternehmens (Vision, Mission und Werte) passt. Die Werte, die ein Bewerber verinnerlicht hat, definieren, wofür er bereit ist, sein Können und seine Energie einzubringen, womit sich wiederum der Kreis zur Unternehmensvision schließt. Diese muss glaubhaft vermitteln können, warum es sich lohnt seine Energie genau für dieses Start-up einzubringen. Schon aus diesem Grund ist es wichtig, als Organisation mit einer starken Vision zu arbeiten und diese frühzeitig zu entwickeln, da sie zur maßgeblichen Entscheidungsgrundlage der Bewerber wird, die ihre Lebenszeit sinnvoll – das heißt entlang ihrer eigenen Wertevorstellungen – einsetzen möchten.

Hier zeigt sich auch die Kraft der Vorselektion der Unternehmensvision: Schreibt sich ein Unternehmen beispielsweise Nachhaltigkeit auf die Fahne, rekrutiert aber Mitarbeiter, denen Nachhaltigkeit nicht wichtig ist, nimmt es sich selbst die Basis eines ganzheitlichen Talent Managements im Sinne der eigenen Strategie- beziehungsweise Visionsumsetzung. In dem Fall werden die eigenen Mitarbeiter die Vision nicht leben und entsprechend auch keine authentischen Signale senden.

Gerade für Start-ups, die sich am Markt glaubwürdig positionieren müssen und bei denen jeder einzelne Mitarbeiter auch Markenbotschafter sein muss, wäre dies fatal. Hinzu kommt, dass in unserer Beobachtung gerade im Start-up Loyalität und Zufriedenheit mit dem Arbeitsplatz stärker über Identifikation mit den Werten und der Vision sowie den handelnden Personen entsteht, als über klassische Mitarbeiterbindungsmaßnahmen, die selten schon implementiert sind. Wenn aber gerade diese Werte der Kleber der Organisation sind, wie soll dann jemand erfolgreich in einem solch engen Konstrukt mitarbeiten, der diese Werte ganz und gar nicht teilt? Innerhalb kürzester Zeit würde der Teamzusammenhalt leiden und damit auch ein wesentlicher Teil der Motivation verlorengehen. Und noch viel schlimmer: Die Energie, die eigentlich nach außen ins Produkt beziehungsweise zum Kunden fließen sollte, würde für interne Auseinandersetzungen verwendet und damit förmlich verschwendet werden. Es lohnt sich also mit einem systematisch durchdachten Anforderungsprofil zu arbeiten, das neben den Kompetenzen vor allem auch die Persönlichkeit und die Werteebene der Kandidaten betrachtet.

Diese Profildefinition hilft später nicht nur dabei, die richtigen Kanäle bei der Kommunikation zu wählen, weil dadurch auch die Zielgruppe klarer wird: Diese Überlegungen sind vor allem auch im Screening und der Beurteilung der Bewerber absolut notwendig, um darauf aufbauend eine klare Entscheidung treffen zu können. Fehlen die Überlegungen zu den Aufgaben und daraus resultierenden Anforderungen, die erfüllt werden müssen, ist automatisch auch unklar, wonach und vor allem nach wem gesucht wird. Einen exzellenten Bewerber erkennt man in diesem Fall also nicht einmal dann, wenn er vor einem steht. Das Recruiting wird dadurch zur Endlosschleife, in der Ressourcen sinnlos verbrannt werden. Ohne klares Profil sind einfach keine klaren Entscheidungen möglich. (vgl. auch 1)

Können:
- Welche Erfahrung muss die Person in welcher vorherigen Funktion vorweisen können?
- Welcher Ausbildungshintergrund, welche Qualifikationen und welches konkrete Fachwissen müssen vorhanden sein?
- Welches Fachwissen ist gegebenenfalls erlernbar und nicht unbedingt notwendig?
- Welche allgemeinen Kompetenzen (wie Analytik, Kommunikationsstärke, Kreativität und so weiter) muss der Kandidat für die Position mitbringen?

Persönlichkeit:
- Wie muss sich der Bewerber gegenüber Mitarbeitern und Kunden verhalten, um seine Position optimal auszufüllen?
- Wie sollten die ideale Motivstruktur und das darauf basierende Verhalten aussehen?
- Welches Rollenselbstverständnis hat der Bewerber?

Einstellung:
- Welche Werte muss die Person verinnerlicht haben, um die Position optimal erfüllen zu können, und um zum Unternehmen und zum Team zu passen?
- Welche persönlichen Eigenschaften und Einstellungen unterstützten den Kandidaten bei der Positionsausübung?

2.4 Einstellung statt Fachwissen: Warum Start-ups andere Rollenbilder haben

Auch wenn in den vorangegangenen Abbildungen zu den Profilüberlegungen die Kreise ähnlich groß dargestellt sind, können – je nach Unternehmensphase – unterschiedliche Gewichtungen der einzelnen Aspekte vorgenommen werden, da sich in wachsenden Unternehmen die Rollen zunehmend spezialisieren und damit auch die Anforderungen, die an einen Kandidaten gestellt werden, verändern.

In Frühphasen erfüllen in Start-ups in der Regel wenige Mitarbeiter mehrere Rollen gleichzeitig und müssen daher eher generalistisch an mehreren Themen gleichzeitig arbeiten. Entsprechend ist tiefes Spezialistenwissen in dieser Anfangssituation für die meisten Positionen weniger relevant als die grundsätzlichen allgemeinen Fähigkeiten, die einen Kandidaten befähigen unterschiedliche Aufgaben und Rollen wahrzunehmen. In der Frühphase spielen die fachlichen Qualifikationen damit gegenüber den allgemeinen Kompetenzen und der Persönlichkeit eine geringere Bedeutung. Der Kandidat per se steht dann als Person mit seinem Potential im Vordergrund. Ähnlich beschreibt es Jim Collins in seinem Buch „Good to Great" (vgl. [3]): Laut Collins, sei es für den Erfolg eines Unternehmens ausschlaggebend, die Richtigen zu finden und basierend auf dem „wer" erst das „was" zu bestimmen. Findet man im Recruiting zu diesem Zeitpunkt Kandidaten, die grundsätzlich von den allgemeinen Fähigkeiten, der Persönlichkeit und den Werten passen, würde man sie daher in jedem Fall einstellen, wenn in ihnen das Potential gesehen wird, dass sie mit dem Unternehmen schnell genug mitwachsen können. Es ist nachvollziehbar, dass ein Recruiter zu diesem Zeitpunkt bestenfalls also ebenso ein Generalist und in das operative Tagesgeschäft involviert ist, da ihm anderenfalls die Informationen für die richtige Beurteilung des Kandidaten fehlen.

Dies ist die Phase, in der vor allem Kandidaten mit generalistischen Fähigkeiten punkten. In Start-ups gilt daher auch häufig die Aussage „Hire for attitude, not for skills", weil es wichtig ist, dass die Mitarbeiter die richtigen Einstellungen und Denkweisen sowie allgemeine Kompetenzen wie Analytik und Kommunikationsstärke mitbringen und spezifisches Wissen wiederum auf dieser Basis erlernbar ist. Die Einstellung und Werte einer Person zu verändern, ist jedoch kaum möglich und darf auch nicht das Ziel von Führung sein. Aus diesem Grund sind Start-ups für Vertreter der Generation Y, die für ihre Persönlichkeit und Individualität geschätzt werden wollen (vgl. Kap. 11.1), ein attraktiver Arbeitgeber. In der Personalauswahl der Start-ups ist es meist relevanter, wer man ist und wie man arbeitet und ob dies zum Unternehmen passt. Nicht ob man bereits 10 Jahre Vorerfahrungen mitbringt. Aus diesem Grund bieten Start-ups häufig auch gute Einstiegsmöglichkeiten für Quereinsteiger und Absolventen. (vgl. [4]):

Mit wachsender Größe und Reife der Start-ups festigen sich in aller Regel auch die Strukturen und vorhandenen Positionen und damit auch die Rollenerwartungen. Von einem neuen Teammitglied wird dann weniger Flexibilität in der Rollenerfüllung, sondern eher das Ausfüllen einer enger definierten Rolle und Funktion beziehungsweise das Auffüllen einer „Fachwissenslücke" erwartet. Ab diesem Zeitpunkt ist es wichtig, die Kandidaten, die eingestellt werden, immer stärker in Beziehung zu den Vakanzen zu bringen und damit mit zunehmender Teamgröße immer stärker auf spezifisches Wissen statt allgemeine Eignung zu achten. Würde in einer Wachstumsphase die Stellenbetrachtung außer Acht gelassen und stets nur allgemein passende Kandidaten mit Potential eingestellt werden, liefen Start-ups Gefahr, zu breit zu rekrutieren, zu viele geeignete Generalisten an Bord zu holen und damit trotz größerer Teams nicht die nötige fachliche Tiefe und inhaltliche Professionalisierung zu erreichen. So entstehen unnötige Kosten, weil durch die zunehmende Homogenität im Unternehmen zentrale Aufgaben trotz wachsender Teamgröße ungelöst bleiben.

All diese Vorüberlegungen zum Stellen- und Anforderungsprofil liefern die Kriterien für die Vorselektion und die Kandidateninterviews (vgl. Kap. 7) und führen auch dazu, dass die Struktur des Bereichs noch einmal gründlich überdacht wird, bevor der Recruitingprozess angestoßen wird. Dabei sollten, wie bereits erläutert, auch direkt sinnvolle Entwicklungsziele hinsichtlich des bestehenden Teams bedacht und integriert werden. So wird gewährleistet, dass die neue Stelle so definiert wird, dass die tatsächliche Kapazitätslücke definiert ist und gleichzeitig die Entwicklungsziele des gesamten Teams berücksichtigt werden.

Stellendefinition und Anforderungsprofil sind in dieser Betrachtung bewusst voneinander getrennt. Auf Basis der Ergebnisse dieser Auseinandersetzung lässt sich später deutlich einfacher die optimale Stellenausschreibung entwickeln (vgl. Kap. 5).

2.5 Profilanforderungen an Mitgründer: Wird nach einem Klon oder Pendant gesucht?

Von Gründern, die Mitgründer suchen oder ihr erstes Team zusammenstellen, wird immer wieder die Frage gestellt, ob eher nach einer Kopie des eigenen Ichs oder eher nach dem Pendant zur eigenen Persönlichkeit gesucht werden sollte. Diese Frage lässt sich mit den drei Kriterien-Sets der drei Kreise gut beantworten. Da es im Unternehmen immer unterschiedliche Aufgaben und Rollen zu erfüllen gibt, die in der Regel so konträr in ihrer Ausprägung sind, dass sie kaum von einer Person allein abgebildet werden können, werden entsprechend unterschiedliche Gründertypen benötigt, um diese Rollen optimal zu erfüllen. Mit Blick auf die zwei Kreise „Können" und „Persönlichkeit" werden also komplementäre Profile benötigt.

Sehr vereinfacht lässt sich dies am Beispiel von Introversion versus Extraversion verdeutlichen: Sind die bereits vorhandenen Gründungsmitglieder eher introvertiert, ist es hilfreich einen extrovertierten Kandidaten mit ins Boot zu holen, der alle künftigen externen Repräsentationsaufgaben übernehmen kann. Zwar können auch introvertierte Teammitglieder ein Unternehmen sehr gut repräsentieren, sie werden aber in der Regel mehr Energie dafür aufwenden müssen, da sie in dem Fall entgegen ihrer Motive handeln. Da die Arbeit beim Aufbau eines Unternehmens aber ohnehin schon fordernd genug ist, sollten die Rollen also auch dahingehend optimiert besetzt werden. Gleiches gilt für andere

Präferenzen in der Arbeitsweise, wofür zum Beispiel der Meyers-Briggs-Type-Indicator (MBTI) einen Ansatz liefern kann. Betrachtet werden hier unterschiedliche Präferenzen zum Beispiel in der Verarbeitung von Informationen oder bei der Entscheidungsfindung (vgl. [2]).

Mit Blick auf den dritten Kreis, die Einstellung, sollte dagegen immer nach einer Übereinstimmung beziehungsweise Kompatibilität der Werte gesucht werden, da diametrale Werte immer zu nicht mehr vertretbaren Verhaltens- und Entscheidungsabweichungen führen und so in der Regel kein Vertrauen entstehen kann. Dabei geht es aber explizit weder darum, Ja-Sager zu rekrutieren noch um Gleichmacherei: Das Team sollte zwar das gleiche Grundverständnis bezüglich des Geschäftsmodells haben und sich bezüglich bestimmter Arbeitsprinzipien einig sein. Jedoch sind unterschiedliche Charaktere und eben auch Werte gerade für ein Gründungsteam essentiell, um sich austauschen und das Geschäft weiterbringen zu können. Gründer müssen in der Lage sein, sich gegenseitig zu fordern und zu hebeln, um so Innovationen vorantreiben zu können und, unter Einbezug unterschiedlicher Meinungen, gemeinsam die für das Start-up besten Konsequenzen zu ziehen. So können „Klone" der Gründerpersönlichkeit mit allzu ähnlichen Fähigkeiten und Werten Stillstand auslösen, da sich die Gründer weder gegenseitig optimal beeinflussen noch durch die nötige Reibung Veränderungen und Lernkonflikte ausgelöst werden. Vor allem in Gründungsteams geht es daher genaugenommen um die bestmögliche kulturelle Integration, statt einer kulturellen Übereinstimmung. Diese entscheidet maßgeblich darüber, wie das Team künftig zusammenarbeiten wird und ob es überhaupt zusammenarbeiten kann. Mitgründer-Teams mit diametral unterschiedlichen Werten werden sich in den allerseltensten Fällen so entwickeln können, dass es zu einer fruchtbaren und konstruktiven Zusammenarbeit kommt. Die Beziehungen untereinander entwickeln sich dann nicht schnell oder solide genug, so dass die Mitgründer die Gründerriege dann auch sehr schnell wieder verlassen (sollten).

2.6 Priorisierung und Sourcing-Strategie: Warum sie in Wachstumsphasen Pflicht sind

Nach der Stellenfreigabe und Stellendefinition beginnt in der Praxis häufig direkt die Stellenkommunikation, also der öffentliche Teil des Recruitings. Wer sich Ineffizienzen und langatmige Besetzungsprozesse im Recruiting ersparen möchte, sollte allerdings, gerade bei zahlreichen Vakanzen, noch vor dem Recruiting-Kick-off eine klare Priorisierung der Stellen vornehmen. Pro Stelle sollte zusätzlich ein grober Budgetrahmen vereinbart werden, so dass damit verbunden auch die Sourcing-Strategie, also die Art und Weise wie Kandidaten für eine bestimmte Position am besten gewonnen werden, festgelegt werden kann. Dadurch wird maßgeblich die Effizienz im Prozess gesteigert.

Abb. 2.4 Priorisierung

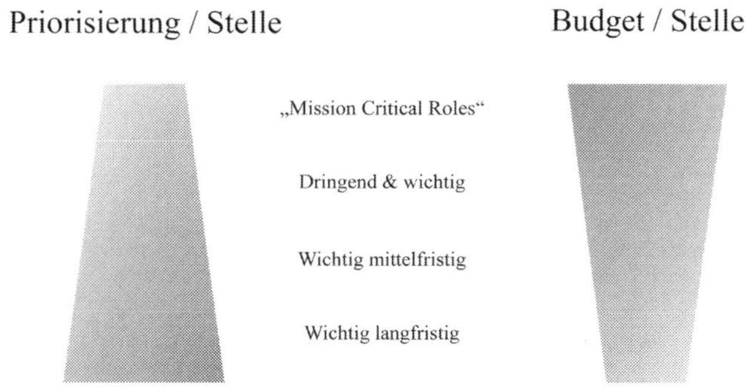

Wenn 20 und mehr Stellen gleichzeitig in einem Unternehmen bearbeitet werden und keine klare Strategie existiert, anhand derer die Stellen abgearbeitet werden, dauern Besetzungen häufig insgesamt länger und sind damit auch kostspieliger. In der Praxis von Start-ups ist häufig niemand direkt für die Priorisierung von Stellen verantwortlich, so dass Personalverantwortliche sich im Zweifelsfall diese Priorisierung von der Geschäftsführung und dem Management aktiv einholen müssen oder eine solche Priorisierung und Stellenbudgetfreigabe selbst durchsetzen müssen. Erst wenn klar ist, welche Stellen innerhalb des Unternehmens oberste Priorität haben und auch welche Sourcing-Strategie für welche Stelle unter Berücksichtigung der unternehmensinternen Ressourcen die effizienteste Besetzung in Aussicht stellt, kann damit auch das Recruiting beginnen.

Demnach sollten Vakanzen idealerweise zusammen mit der Geschäftsführung direkt nach der Stellenfreigabe kurz durchgesprochen und in Prioritäten eingeordnet werden, um die Dringlichkeit und Wichtigkeit der Positionen und damit die Bearbeitungspriorität durch die Personalabteilung festzulegen (Abb 2.4). Unterschieden werden kann beispielsweise zwischen absolut erfolgskritischen Stellen (Priorität 1), dringenden und gleichzeitig wichtigen Stellen (Priorität 2), wichtigen aber nicht dringenden Stellen und langfristig wichtigen Stellen beziehungsweise Stellen, die dauerhaft immer wieder besetzt werden (Priorität 3). Wer im Unternehmen nach dieser Klassifizierung eine Vakanz haben sollte, die sich weder als wichtig noch dringend erweist, kann diese direkt wieder streichen (wobei sich der Grad der Bedeutung an der Relevanz für die Unternehmensziele orientiert).

In Abhängigkeit der Schwierigkeit und Priorität der Stelle sollte dann ein Budget pro Vakanz festgelegt werden. Je komplexer und anspruchsvoller ein Stellenprofil ist, desto teurer wird diese Stelle auch zu besetzen sein, da nicht nur der Prozess durch die hohen Anforderungen in der Regel länger dauert, sondern die Kandidaten auch schwerer zu finden sind. Ein klares Budget pro Stelle ist wichtig, um zu entscheiden, wie das Sourcing und auch die Kommunikation (vgl. Kap. 5) für die Stelle implementiert wird. Die Stellenliste sollte dann regelmäßig, beispielsweise monatlich, direkt mit der Geschäftsführung oder der Management-Ebene diskutiert und je nach Besetzungsstatus und Situation nachjustiert werden. So können die Priorisierung, Budgets oder auch die Sourcing-Strategie bei Bedarf

Abb. 2.5 Sourcing-Matrix

flexibel angepasst werden. Damit wird zum einen zu einer höheren Transparenz sowie zum anderen zu einer effizienteren Durchführung des Besetzungsprozesses beigetragen.

Wenn das Budget festgelegt ist, kann pro Position dann durch die Recruiting-Verantwortlichen eine Sourcing-Entscheidung fallen: Zum einen muss entschieden werden, ob die Stellen selbst besetzt werden können oder, bei geringer eigener Kapazität, an einen externen Dienstleister übergeben werden. Zum anderen muss definiert werden, welche Art des Sourcing insgesamt bei welcher Stelle Sinn macht (Abb. 2.5).

Bei niedriger Selektivität der Stelle, also einem Anforderungsprofil, auf das vergleichsweise viele Kandidaten passen könnten, bietet sich bei ausreichender Kapazität in der Personalabteilung das klassische passive Recruiting, also die Ausschreibung der Stelle über zuvor definierte Kanäle an. Bei kurzfristigem Bedarf einer erhöhten Bewerberanzahl kann es sich auch anbieten, Personalvermittler erfolgsbasiert zusätzliche Bewerberprofile zur Verfügung stellen zu lassen, sofern das Profil dies zulässt.

Bei hoher Selektivität der Stelle, das heißt also bei Vakanzen, auf die nur sehr wenige spezialisierte oder sehr erfahrene Kandidaten passen könnten, reicht das klassische passive Recruiting heute in der Regel nicht mehr aus: Diese Stellen müssen aktiv besetzt werden, das heißt, dass Kandidaten gefunden, selbst angesprochen und auch rekrutiert werden müssen.

Je nach Kapazität und Budget sowie auch Priorität der Stelle kann dies entweder über die eigene Recruiting-Abteilung abgedeckt werden oder extern von Headhuntern, also Personalberatern, die sich auf diese Art von Recruiting spezialisiert haben, durchgeführt werden. Hierbei gilt jedoch immer, dass alles, was die Personalabteilung selbst besetzen und durchführen kann, auch selbst durchgeführt werden sollte: Zum einen wird bei jedem Besetzungsprozess unternehmensintern wichtiges Bewerbermarkt-Know-how sowie die interne Talent-Datenbank weiter aufgebaut. Zum anderen ist erfolgreiches und professionelles Recruiting und damit die Auswahl der richtigen Mitarbeiter zentral für den Unternehmenserfolg und sollte damit in jedem Fall intern aufgebaut werden.

Jede Stelle muss also im Vorfeld, je nach Dringlichkeit und erfolgskritischem Beitrag zum Unternehmen, eine klare Priorisierung und ein Budget zugewiesen bekommen, anhand derer dann die Sourcing-Strategie definiert wird und damit die Stellenkommunikation beginnen kann.

Zusammenfassung: Personalplanung und Stellenfreigabe

- Beugen Sie unkoordiniertem Wachstum und Kostenexplosionen vor, indem Sie einen Stellen- und Freigabeprozess einführen und steuern.
- Stellen Sie immer eine Personalplanung auf, wenn auch nur eine grobe. Je dynamischer sich Ziele im Unternehmen noch verändern, umso wichtiger wird Planung und umso häufiger setzen Sie sich am besten Planungstermine.
- Personalplanung ist Chefsache: Der Gründer beziehungsweise Kopf der Organisation sollte so lange wie möglich ein Auge auf die Personalplanung haben.
- Beim Öffnen einer Position gilt immer „interne Entwicklung vor externer Rekrutierung". Prüfen Sie immer ob die Position nicht durch ein bestehendes Teammitglied besetzt werden kann.
- HR sollte dabei die Prozesshoheit haben, aber lediglich im Sinne einer Koordination und professionellen Abwicklung. Der Fachbereich ist dabei trotzdem involviert: Nur wenn alle zusammenarbeiten werden sinnvolle Ergebnisse erreicht.
- Wer eine Stelle öffnet, trägt auch die Verantwortung für die Profilerstellung. Grundlegende Überlegungen zur Stelle spielen eine essentielle Rolle für den Recruiting-Prozess.
- Die Stellendefinition setzt sich aus Funktion, Rolle und Kultur zusammen und korrespondiert mit einem dazugehörigen Anforderungsprofil an den Kandidaten, das sich aus Fähigkeiten, motivbasiertem Verhalten und persönlichen Werten zusammensetzt. Die Vernachlässigung einer der Bereiche führt in der Regel zu Fehlern in der Bewertung eines Kandidaten für eine bestimmte Rolle.
- Für die Rollendefinition gilt es mehrere Ebenen im Unternehmen zu unterscheiden: Spezialist – Management – Führung.
- Rollenmischungen kommen insbesondere in Start-up-Situationen vor: Je weniger Unternehmensmitglieder vorhanden sind, umso mehr Aufgaben und Rollen müssen von einer Person gleichzeitig ausgefüllt werden. Der Bedarf an spezifischem Wissen und damit an Spezialisten steigt mit der Unternehmensgröße.
- Wenn Sie Mitgründer suchen: Suchen Sie nach dem Pendant der Gründer in puncto Fähigkeiten und Persönlichkeit, in Bezug auf die Werte immer nach jemanden, dessen Werte kompatibel sind.
- Die Priorisierung aller offenen Stellen im Unternehmen und die Definition eines Budgets und einer Sourcing-Strategie pro Stelle sind erfolgskritisch für effizientes und erfolgreiches Recruiting und wirken Stellenchaos und langen Besetzungszeiten entgegen.

- Sollte das Management keine eigenständige Priorisierung vornehmen, fordern Sie diese aktiv ein und bringen Sie sich so nah wie möglich ans operative Geschäft, um die Prioritäten einschätzen zu können.
- Mit der Budget- und Priorisierungsdefinition wird im Anschluss die Sourcing-Strategie pro Stelle festgelegt werden. Stellenselektivität und Kapazität definieren die Besetzungsstrategie (aktiv versus passiv und extern versus intern).
- Grundsätzlich gilt dabei: Alle Positionen, die mit internen Ressourcen abgedeckt werden sollten, sollten auch intern rekrutiert werden.

Weiterführende Literatur

1. Adler L (2007) Hire with your head: using performance-based hiring to build great teams, Aufl. 3. Wiley, Hoboken
2. Bents R, Blank R (n.d.) Der M.B.T.I. Claudius, München
3. Collins J (2001) Good to great: why some companies make the leap… and others don't. HarperBusiness, New York
4. Knecht S (2013) Erfolgsfaktor Quereinsteiger: Unentdecktes Potenzial im Personalmanagement, Aufl. 2014. Springer Gabler, Wiesbaden
5. Merath S (2008) Der Weg zum erfolgreichen Unternehmer: Wie Sie und Ihr Unternehmen neue Dynamik gewinnen, Aufl. 8. GABAL, Offenbach

Anforderungen an den Recruiting-Prozess im Start-up

3

Zusammenfassung

Ein exzellenter Recruiting-Prozess schafft die Grundlage für die Einstellung der Richtigen und damit für ein erfolgreiches Talent Management. Er muss daher frühzeitig definiert, implementiert und kontinuierlich optimiert werden. Dabei ist es essentiell, die Erfolgsfaktoren und Key Performance Indicators (KPIs) eines exzellenten Prozesses zu kennen, zu steuern und zu messen. Gerade in Wachstumsphasen mit zahlreichen Vakanzen schafft ein professioneller Prozess extremen Mehrwert in Form von schnelleren Besetzungen, Kosteneinsparungen und einem positiven Einfluss auf die Employer Brand und damit die Grundlage für die Gewinnung von Talenten.

3.1 Prozesskriterien: Warum Effizienz und Transparenz den „War for Talent" entscheiden

Der Recruiting-Prozess folgt einem klaren, logischen Ablauf (Abb. 3.1). Er muss per se vor allem zwei Kriterien erfüllen: Effizienz und Transparenz. Unter Effizienz verstehen wir die optimale Prozessgestaltung, die Replizierbarkeit von Prozessen im Krankheitsfalle oder im Fluktuationsfall sowie natürlich den zügigen und bestmöglich automatisierten Gesamtablauf des Prozesses – von der Stellenfreigabe bis hin zur Angebotsphase. An jeder Stelle der Prozessdefinition oder nachgelagerten -optimierung sollte daher die Frage gestellt werden: Ist unser momentanes Vorgehen die effizienteste Lösung?

Jeder Prozessschritt, der mehr als einmal ausgeführt werden muss, wird damit bestenfalls automatisiert und standardisiert. Der Recruiting-Prozess sollte zudem unter Berücksichtigung der bereits bestehenden Unternehmensprozesse und Tools aufgesetzt werden. Falls also beispielsweise bereits ein CRM-Tool besteht, sollte überprüft werden, ob es sich

C. Buchheim, M. Weiner, *HR-Basics für Start-ups*, DOI 10.1007/978-3-658-03893-9_3

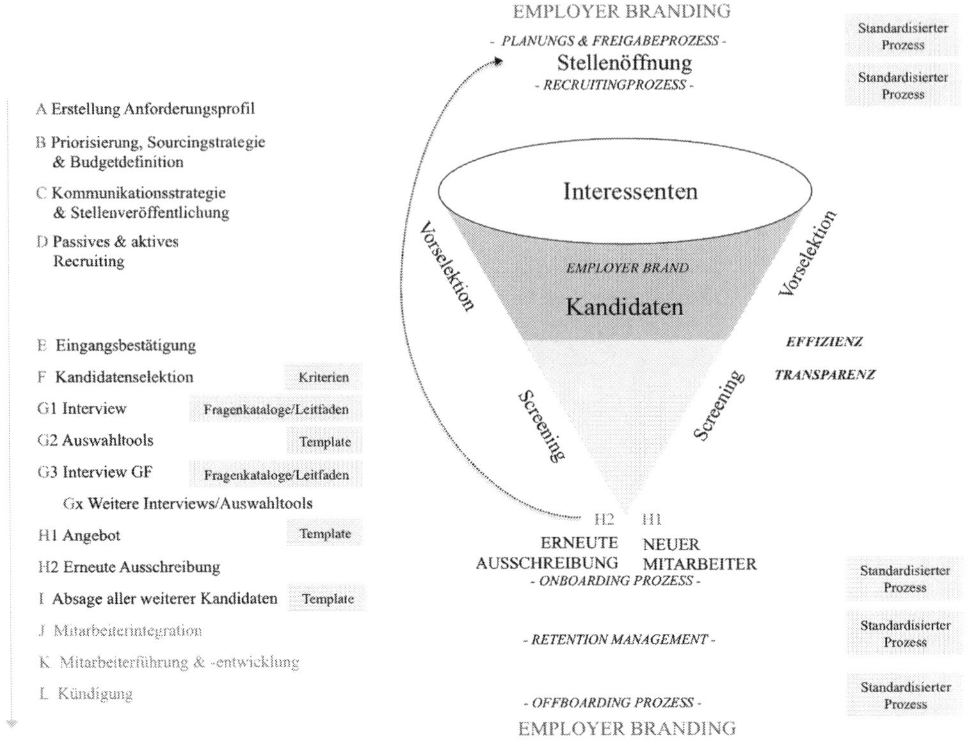

Abb. 3.1 Recruiting-Prozess

auch auf das Kandidaten-Management erweitern lässt (vgl. Kap. 3.3). Ansonsten können Prozesse im Start-up mit Hilfe von Excel-Listen, E-Mail-Filtern, Templates und weiteren Tools gerade anfangs kostengünstig und einfach automatisiert und standardisiert und damit effizient gesteuert werden. Der Automatisierung und Standardisierung von Prozessen folgt in der Regel auch das erforderliche professionalisierte Wissensmanagement und eine klare Kommunikation, so dass Prozesse intern jederzeit ausgeführt und repliziert werden, Erfolgsmessungen stattfinden und von relevanten Stakeholdern innerhalb des Unternehmens, aber auch von Bewerberseite, nachvollzogen werden können.

Transparenz im Recruiting-Prozess bedeutet unter anderem einen Prozessverantwortlichen zu benennen, der den gesamten Prozess, beziehungsweise bei größeren Start-ups den Prozess pro Abteilung, verantwortet und steuert und der auch alle relevanten Informationen zum Ablauf des gesamten Prozesses innerhalb des Unternehmens koordiniert und kommuniziert. Dabei sollte die Prozesshoheit so früh wie möglich bei der Personalabteilung oder bei der personalverantwortlichen Person liegen, welche den Prozess zentral koordiniert. So können ineffiziente Kapazitätsauslastungen und unnötige Zusatzkosten vermieden werden. Regelmäßige Statusmeldungen pro Position oder Fachbereich können die

Transparenz und auch die Sichtbarkeit von Recruiting-Aktitiväten und -Fortschritten und damit auch das Vertrauen gegenüber dem HR-Bereich steigern. So können beispielsweise doppelte Kommunikationswege, Unklarheiten zum Prozessverlauf oder zu Verantwortlichkeiten schon im Voraus eliminiert werden.

Ebenso tragen eine klare Aufgabenverteilung und Verantwortlichkeitsübertragung innerhalb des Prozesses in Personalabteilungen mit mehreren Mitarbeitern und auch zwischen Personalabteilung und rekrutierenden Abteilungen zur Effizienz und Transparenz bei: So können Recruiter ihre Stellen beispielsweise nach Fachabteilungen oder unterschieden nach dem Recruiting-Modus (passiv versus aktiv) betreuen. Auch innerhalb der Recruiting-Schritte können je nach Größe der Abteilung Aufgaben noch einmal optimiert verteilt werden, beispielsweise beim aktiven Recruiting die Kandidatenrecherche und Ansprache von den Erst- und Zweitinterviews, oder beim passiven Recruiting das Bewerber-Screening, die Kommunikation und Terminierung von der Bewerberprüfung.

Nicht nur intern, sondern vor allem auch für das Bewerbermanagement spielen Transparenz und Effizienz eine zentrale Rolle: Regelmäßige und vor allem auch zeitnahe Kommunikation mit den Kandidaten ist heute wichtiger denn je. Allein die Bestätigung des Bewerbungseingangs ist ein wichtiges Signal im Employer Branding und absolute Grunderwartung. Je schneller diese eingeht, umso positiver das Signal an den Bewerber. Vermeintlich banale Dinge wie Reaktionszeiten werden im „War for Talent“ sprichwörtlich kriegsentscheidend, weil im Kampf um Talente Taktik und Schnelligkeit ausschlaggebend sind: Wer zu lange braucht, um mit den richtigen Köpfen in Kontakt zu kommen oder auf sie zu reagieren, wird sie im Prozess an diejenigen Mitbewerber verlieren, die schneller sind. Alle Investitionen in die Akquise des Bewerbers sind dann verloren.

In manchen Fällen, in denen wir den Kontakt zwischen sehr guten Kandidaten und dem Unternehmen herstellen, benötigen Unternehmen bis zu zehn Tage und mehr, um ein einfaches Feedback zur Einschätzung zu geben. In dieser Zeit haben die besten Köpfe, die sich in der Regel auch in anderen Gesprächen befinden, in vielen Fällen schon mehrere Zusagen erhalten und sich für ein anderes Unternehmen entschieden, das mehr Wertschätzung im Bewerbungsprozess signalisiert hat, indem es die Bewerbung ernst genommen, priorisiert und reagiert hat. Reaktionszeiten von mehreren Wochen sind im „War for Talent“ einfach nicht mehr akzeptabel und damit eben kriegsentscheidend, wenn es um den Zugang zu Top-Talenten geht. Wer zu lange Reaktionszeiten hat – und wir sprechen hier nicht von ein bis zwei Wochen, sondern von wenigen Stunden bis Tagen – nimmt in Kauf, dass er nicht mit den Top-Talenten spricht, sondern mit der verbleibenden Auswahl. Vor diesem Hintergrund ist es wichtig für den Recruiting-Prozess bestimmte Servicelevel und Reaktionszeiten zu definieren (vgl. Kap. 3.2) und diese zu kontrollieren, um schnellstmöglich agieren zu können. Auch zeigt sich hier der Investitionsbedarf mit Blick auf Instrumente, die den Prozess stützen und den Aufbau eines ausreichend großen Recruiting-Teams, um die Servicelevel zu erfüllen.

Wer zusätzlich zur fehlenden Geschwindigkeit auch noch in anderen Aspekten wenig effizient vorgeht und damit zusätzliche Kosten verursacht, weil zum Beispiel der Prozess nicht bestmöglich automatisiert ist oder zu viele unnötige Prozessschritte enthalten sind, löst einen Negativmechanismus aus: Recruiting wird so immer teurer für das Unternehmen, wodurch es Gefahr läuft, immer mehr auf dem Prüfstand zu stehen und dadurch gegebenenfalls sogar weitere Ressourcen gestrichen werden. Gerade für Start-ups ist es essentiell, kosteneffizient zu rekrutieren, da das Recruiting den Großteil der HR-Kosten in Aufbausituationen ausmacht und die verfügbaren Ressourcen ohnehin in der Regel überstrapaziert sind. Wer bei begrenzten Ressourcen hierbei noch Geld verbrennt, hat per Definition im „War for Talent" schon schlechtere Karten.

Allein schon deshalb ist es wichtig, auf eine exzellente Planung, Priorisierung und vor allem auch Vorselektion (vgl. Kap. 5.3) im Prozess zu achten, weil im Start-up durch die knappen Ressourcen selten eine exzellente und sehr schnelle Bewerberadministration bei sehr hohem Bewerbungseingang sichergestellt werden kann. Im Sinne der Geschwindigkeit ist es wichtig, lieber weniger Bewerbungen, die sehr gut passen, sehr schnell zu prozessieren als viele Bewerbungen zu langsam zu bearbeiten.

Professionelles Recruiting bedeutet also, dass Kandidaten im ersten Schritt in jedem Falle eine zügige Antwort auf ihre Bewerbung mit relevanten Informationen zum weiteren Prozess erhalten oder im Falle der Direktansprache bei einer Reaktion ebenfalls eine schnelle Rückmeldung erhalten. Kandidaten, die sich auf bereits besetzte Positionen bewerben oder auf nicht zu besetzende Positionen, wird statt der Bestätigung natürlich direkt eine professionelle und dennoch ehrliche Absage geschickt.

Transparente Kommunikation ist gerade mit Blick auf die Erwartungen im Digitalen Zeitalter noch einmal zu betonen: Denn mit Transparenz meinen wir auch eine klare Kommunikation auf Augenhöhe, gebunden an eine klare Aktion: Man sagt, was man tut, und man tut, was man sagt. Man sagt es klar und nicht durch die Blume, damit dem Gegenüber alle Informationen für eine fundierte Entscheidung zur Verfügung stehen. Dies bedeutet: Wenn man einem Bewerber noch nicht zu- oder absagen will, dann bittet man ihn um Geduld und kommuniziert klar, dass man sich noch in der Abwägungsphase befindet. Auch diese Art der Kommunikation und Prozessführung beeinflusst letztlich wieder stark die Employer Brand.

Die Generation Y

Den Vertretern der Generation Y ist Respekt und Interaktion auf Augenhöhe und damit auch klare Kommunikation und schnelles Feedback wichtiger denn je: Wenn die Bewerber der Generation Y das Gefühl haben, dass Prozesse nicht transparent sind, ihnen Zeit und Energie gestohlen wird oder ihre Persönlichkeit und ihre Bedürfnisse nicht respektiert werden, ist die Motivation und damit auch das Bewerbungsinteresse dahin. Die „klassische" Bewerbungsfrage aus früheren Zeiten: „Nun erzählen Sie doch mal, warum wir gerade Sie einstellen sollten" ist heute zum absoluten No-go geworden, weil sie das Gegenüber in eine Bittsteller-Position bringt und damit gegen das Prinzip der Gleichwertigkeit und Augenhöhe verstößt.

3.2 Recruiting-KPIs: Warum Kennzahlen wichtig sind

Um Effizienz und Transparenz im Recruiting-Prozess auch messbar zu machen, sollten bestenfalls für jeden Prozessschritt relevante Key Performance Indicators (KPIs) erarbeitet werden. So werden die konsequente Prozessoptimierung und kontinuierliche Erfolgskontrolle gewährleistet. Die Kennzahlen ermöglichen eine effizientere Aussteuerung des Prozesses, denn es geht hier natürlich darum, später die am besten funktionierenden Recruiting-Maßnahmen optimal nachvollziehen zu können und Erfolge durch Messinstrumente replizierbar zu machen.

Im Recruiting gelten heute ähnliche Prinzipien wie im Vertrieb, da es sich immer mehr um Akquise, also das Überzeugen des Kandidaten, sich zu bewerben, handelt. Es geht darum, über die Employer Brand einen ausreichend breiten Bewerbertrichter zu bauen und einen effizienten Prozess mit definierten Stufen, wie beispielsweise die Anzahl der Direktansprachen oder der Bewerber, die Anzahl der Erstinterviews, die Anzahl der Zweitinterviews, die Anzahl der Besetzungen und damit verbundene Konvertierungsziele pro Ebene zu verknüpfen. Mit Konvertierung ist dabei jeweils die Umwandlung auf die nächst höhere Prozessebene gemeint, also beispielsweise die Konvertierung von Interessenten zu Kandidaten, von Kandidaten zu Interviewpartnern und von Interviewpartnern zu Mitarbeitern.

Am Ende sollten dann möglichst viele Besetzungen in Relation zur Ausgangszahl stehen. Über die für die Ebenen gesetzten Ziele wird das Recruiting transparent und eben auch steuerbar, besonders im aktiven Recruiting. So lassen beispielsweise Kennzahlen wie die Konvertierungsrate von Kandidaten hin zu Interessenten bei der Direktansprache sowie das Verhältnis der Intervieweinladungen zu den tatsächlichen Einstellungen oder die Interviewanzahl gemessen an der gesamten Bewerberanzahl Rückschlüsse auf die Qualität des Prozessmanagements und der einzelnen Prozessschritte sowie auf deren Selektionsfähigkeit oder deren Mangel zu.

Weitere prozessübergreifende KPIs, welche die Effizienz maßgeblich steigern, können beispielsweise auch die durchschnittliche Besetzungszeit pro Stelle oder die durchschnittlichen Kosten pro Stelle sein, wobei es hierfür einen effizienten Ansatz für die Messung braucht.

Es lohnt sich, gerade in starken Wachstumsphasen die KPIs zusammen mit dem Prozess bereits eingezogen zu haben, um die Effizienz kontinuierlich zu verbessern und an eventuellen Stellschrauben flexibel drehen zu können. Zusätzlich haben damit auch die Recruiter selbst ein klares Anreizsystem, da sie ihren Einfluss und Erfolg klar messen können. Wenn dann zu besetzende Stellen noch an Boni geknüpft werden können, können Recruiter zusätzlich Prämien erhalten und damit mit klaren KPIs geführt werden.

3.3 Recruiting-Tools: Warum sich eine detaillierte Auseinandersetzung auszahlt

Bei der Auswahl eines Instruments, das die Recruiting- und/ oder HR-Prozesse unterstützt, sollte Zeit in die Recherche und genaue Anforderungsdefinition investiert werden. Denn bei Tools, welche relativ aufwändig in der Implementierung sind, gibt es immer einen Log-in-Effekt: Wenn die Lösung erst einmal eingeführt wurde, bleibt sie meist im Unternehmen bestehen und wird im seltensten Fall noch einmal gegen eine effizientere oder agilere Version ausgetauscht, weil die Übertragung der Systeme zu hohe Kosten verursachen würde.

Bei kostenpflichtigen Softwarepaketen gilt es, Kosten und Nutzen abzuwägen und vor allem die spezifischen Anforderungen des Start-ups an die Software im Vorfeld genau zu definieren. Für reifere Start-ups können, je nach administrativem Gesamtaufwand und der Zahl der geplanten Mitarbeiter und Nutzer, ganzheitliche HR-Software-Tools mehr Nutzen stiften. Über diese Tools können, im Gegensatz zu Bewerbermanagement-Paketen, zusätzlich auch das Onboarding, Kostenstrukturen, Urlaub, Personalentwicklung und vieles mehr abgebildet werden.

Für die Anforderungsdefinition sollte neben der Art der Lösung, also ob es sich um ein HR- oder ein Recruiting-Tool handeln sollte und welche Funktionen damit jeweils im Einzelnen abgedeckt werden müssen, auch entschieden werden, ob es sich um eine SAAS-Lösung, die in der Regel einfacher im Home Office nutzbar ist, oder eine im lokalen Netzwerk installierte Lösung handeln sollte, die dann einen VPN-Zugang erfordern würde. Für diese Entscheidungen bietet es sich auch immer an, andere Personalverantwortliche im Netzwerk nach ihren Erfahrungen mit bestimmten Lösungen zu befragen und zu den favorisierten Tools zunächst Kundenreferenzen zur Handhabung und auch zum Kundenservice einzuholen.

Bei Vertragsabschluss muss auf versteckte Kosten wie extra Lizenzkosten pro Nutzer, zusätzliche Einrichtungskosten, Preiserhöhungen nach einem Jahr oder ähnliches geachtet werden. Zusätzliche Kosten können aber auch entstehen, wenn beispielsweise keine Schnittstellen mit den gängigen Finanzbuchhaltungs-Tools bestehen und solche im Nachgang entwickelt werden müssen oder insgesamt individuelle Anpassungen vom System her nicht möglich sind.

Egal für welches Tool Sie sich entscheiden: Wichtig ist die Sicherstellung eines geordneten Prozessablaufes, der Transparenz und Effizienz sicherstellt. Zu Beginn ist dies noch mit sehr einfachen Mitteln möglich, bei schnell steigendem Administrationsaufwand treten jedoch mit schlechten Tools immer mehr Fehler auf, die – obwohl sie klein sind und unwichtig scheinen – für die Employer Brand sehr schädlich sind. Wenn Bewerber zum Beispiel vergessen werden und deswegen keine Rückmeldung erhalten, obwohl es grundsätzlich dafür einen Prozess gibt, äußern verärgerte Bewerber schnell auf Arbeitgeberbewertungs-Portalen ihren Unmut, weil es für sie unverständlich ist, wie etwas so Banales wie eine kurze Rückmeldung ausbleiben kann. Hier gibt es eine Nullfehlertoleranz beim Bewerber. Ein sensibler Punkt also, den es beim Management der Employer Brand zu berücksichtigen gilt und weshalb in die Auswahl eines Tools, das einen exzellenten Prozess sicherstellt, investiert werden sollte.

Bei einer Entscheidung für ein Softwarepaket sollte grundsätzlich der Satz: „So einfach wie möglich, so komplex wie nötig" gelten, da einige Tools durch ihre Fülle an Funktionen in Start-ups mit einer geringen Zahl an Mitarbeitern die Komplexität manchmal auch eher fördern als reduzieren.

Zusammenfassung: Anforderung an den Recruiting-Prozess

- Ein professioneller Recruiting-Prozess ist effizient und transparent gestaltet und damit auch zentral im Unternehmen angesiedelt und gesteuert.
- Wer den Prozess früh definiert und aufsetzt, legt den Grundstein für erfolgreiches Recruiting in starken Wachstumsphasen.
- Effizienz folgt der bestmöglichen Automatisierung und Standardisierung aller Prozessschritte im Recruiting-Prozess und wird auch maßgeblich über die Eigenselektion im Recruiting beeinflusst.
- Transparenz in Bezug auf den Prozessablauf ist für den Vertrauensaufbau gegenüber internen Stakeholdern und Bewerbern essentiell. Stellen Sie sicher, dass der Prozess so gestaltet ist, dass eine zeitnahe, verbindliche und transparente Kommunikation mit den Bewerbern gewährleistet ist.
- Recruiting funktioniert im Wettbewerb um die besten Talente immer mehr wie Vertrieb: Da das Ziel ebenfalls die Konvertierung und Akquise ist, lassen sich viele Sales-Prinzipien auf den Recruiting-Prozess übertragen.
- Recruiting-KPIs sollten an den Konvertierungsraten im Prozess entlang definiert und beobachtet werden – so wird der Recruiting-Prozess messbar, zentral steuerbar und kann kontinuierlich verbessert werden. Auch die Steuerung des Recruiting-Teams wird dadurch einfacher.
- Um Prozessgeschwindigkeit, Effizienz und Transparenz zu gewährleisten, wird bei einsetzendem Wachstum ein gutes und geeignetes Bewerbermanagement oder HR-Tool benötigt.
- Da das Tool zentral für die Qualität des Prozesses ist und Systeme auch immer Log-in-Effekte mit sich bringen, lohnt es sich zu einem frühen Zeitpunkt eine fundierte Auswahlentscheidung zu treffen, auch wenn anfangs einfache Systeme reichen.
- In puncto Prozessqualität besteht beim Bewerber eine Nullfehlertoleranz. Optimieren Sie den Recruiting-Prozess daher frühzeitig als zentralen Unternehmensprozess.

Weiterführende Literatur

1. Adler, L (2007) Hire with your head: using performance-based hiring to build great teams, Aufl 3. ed. Wiley, Hoboken

Recruiting Outsourcing

4

Zusammenfassung

Häufig ziehen Start-ups in starken Wachstumsphasen sehr schnell externe Dienstleister zur Recruiting-Unterstützung hinzu. Frei nach dem Motto „viel hilft viel" werden häufig alle verfügbaren Dienstleister auf die gleiche Position angesetzt, was weder effizient noch sinnvoll ist. Zwar kann es sich lohnen, für bestimmte Positionen oder in bestimmten Situationen Dienstleister hinzuzuziehen, jedoch sollte diese Entscheidung mit Bedacht erfolgen. Hierzu ist es notwendig, den Dienstleistermarkt in seinen Facetten zu erfassen und zu verstehen, für welche Situation, welcher Dienstleister geeignet ist. Hierüber existiert im Start-up häufig zu wenig Wissen und Marktverständnis, weshalb wir dem Thema Personaldienstleister ein separates Kapitel widmen.

4.1 Dschungel der Personaldienstleister: Warum es sich lohnt, die Unterschiede zu kennen

Mit einsetzendem Wachstum und steigendem Recruiting-Druck wird häufig der Einsatz von externen Dienstleistern erwogen, um Stellen zügiger zu besetzen. Dabei wird aber in der Regel nicht zwischen den Ebenen und Positionen unterschieden, sondern Stellen werden häufig wahllos und breit an diverse Dienstleister herausgegeben. Unabhängig vom Profil wird dann versucht, gleiche Konditionen für sämtliche Stellen zu verhandeln. Nicht für jede Position und Situation eignet sich aber jedes Vorgehen gleichermaßen. Vielmehr erfordern bestimmte Profile besondere Herangehensweisen und verursachen damit auch höhere Kosten. Genau diese Einschätzung der Profile und die Auswahl des richtigen Dienstleisters dafür erfolgt selten richtig, da das Wissen über die unterschiedlichen Leistungen der Dienstleister, vornehmlich Personalvermittler im Gegensatz zu Personalbera-

C. Buchheim, M. Weiner, *HR-Basics für Start-ups,* DOI 10.1007/978-3-658-03893-9_4

tern, nicht ausreichend ausgeprägt ist und der Dienstleister im Vorfeld daher nicht richtig geprüft wird. Dadurch entstehen suboptimale Situationen für Dienstleister und Unternehmen, die zu einem allgemeinen Vertrauensverlust mit Blick auf die Dienstleisterbranche und hohem Misstrauen gegenüber Vorabzahlungen führen, obwohl einige Positionen diesen Modus erfordern.

Wie unterscheiden sich also die relevanten Personaldienstleister? Wir konzentrieren uns hier auf die „klassischen" und im Start-up am häufigsten nachgefragten Dienstleistungen: Headhunting (auch Direct Search oder Executive Search genannt), Matching (Vermittlung/Versenden von Lebensläufen) und Arbeitnehmerüberlassung. Hierbei unterscheiden wir auf Anbieterseite zwischen Personalberatung, Personalvermittlung und Zeitarbeitsfirmen.

Die Begriffe Headhunting, Personalberatung, Direct Search und Executive Search sind weitestgehend als Synonyme zu verwenden. Ihr gemeinsamer Nenner ist die Art der Suche: die Direktsuche. Bei der Direktsuche werden im Rahmen eines sehr klaren Mandats nach der konkreten Profildefinition mit dem Kunden Bewerberprofile passgenau identifiziert, auf die Vakanz angesprochen, konvertiert und durch mehrere Interviews für das jeweilige Mandat auf Passgenauigkeit geprüft. Bei den Anbietern dieses Vorgehens spricht man in der Regel von Personalberatungen. Da die Direktsuche mandatsbezogen erfolgt, führt die Personalberatung diesen Prozess in der Regel nur für ein Unternehmen aus, um die Passgenauigkeit der Kandidaten sicher zu stellen. Der Prozess ist sehr aufwändig und die gefundenen Kandidaten werden nur auf diese eine Vakanz angesprochen und konvertiert. Der Prozess und die Auswahl des Kandidaten liegen damit weitestgehend beim Personalberater. Bei ihm liegt dadurch ein erhöhtes Risiko, das er aufgrund der Höhe der verbundenen Kosten, die sehr schnell im 5-stelligen Bereich liegen, nicht selbst tragen kann. Vor diesem Hintergrund ist das mittlerweile relativ bekannte Preismodell der Personalberatungen entstanden: Meist wird ein Zielhonorar oder ein Fixbetrag, der sich zwischen 25 und 33 % des ersten Jahreszielgehalts des Kandidaten bewegt, festgelegt und die Gesamtprovision in drei Tranchen unterteilt, die bei Vertragsunterschrift, bei Präsentation von drei relevanten Kandidaten oder einem fest definierten Zeitraum sowie bei Unterschrift in Rechnung gestellt werden. Da mit dieser Vorausleistung auch auf Unternehmensseite ein höheres Risiko entsteht, ist insbesondere bei diesen Dienstleistern eine sehr genaue Prüfung und Auseinandersetzung mit deren Prozess vor einer Beauftragung nötig. Hier lauern die schwarzen Schafe der Branche: Es sind diejenigen, die Vorauszahlungen (Retainer), also nicht erfolgsabhängige Tranchen in Rechnung stellen, aber im Hintergrund keine Direktsuche anstoßen, sondern lediglich im Netzwerk-Matching bleiben. Dienstleister, die einen solchen Retainer fordern, sollten daher in puncto Prozess und Suchvorgehen detailliert hinterfragt werden. Da sich die ganz großen internationalen Personalberatungen, für Start-ups meist gar nicht eignen, da sie auf multinationale Konzerne und hochdotierte Positionen ab 200.000 € Jahreszielgehalt ausgerichtet sind, haben Start-ups häufiger mit kleineren Agenturen oder Einzelanbietern zu tun, welche deshalb im Vorfeld besonders auf ihre Arbeitsweise und Referenzen hin überprüft werden sollten. Denjenigen Dienstleistern, die hier nur unzufriedenstellende Informationen zum Vorgehen weitergeben, sollte in keinem Fall ein Mandat in diesem Modus übergeben werden.

Es ist zu beachten, dass Headhunter keine reinen ‚Lebenslauflieferanten‘ und damit lediglich eine verlängerte Werkbank der Recruiter sind, von denen zusätzliche Kandidaten erwartet werden, während der Recruiter selbst den Prozess in den Händen hält und ebenfalls Kandidaten sucht. An diese Dienstleister vergibt man in der Regel den kompletten Besetzungsprozess, den sie ganzheitlich steuern. Ihnen vertraut man die Auswahl von rund drei bis fünf für die Position sehr gut passenden Kandidaten an. Ziel dabei ist es, die besten Kandidaten des Marktes zur Verfügung zu haben und das Auswahlrisiko zu minimieren, da der Personalberater den Prozess auch über den Vorschlag der Kandidaten hinaus betreut.

Wer den Prozess der Besetzung weitestgehend selber in den Händen hält und lediglich zusätzlich zu den eigenen Kandidaten weitere Lebensläufe erhalten möchte, sollte sich eher an einen Personalvermittler wenden. Der Personalvermittler ermöglicht den Zugang zu mehr Kandidatenprofilen, indem er sein Netzwerk beziehungsweise seine Datenbank nutzt. Personalvermittler beginnen in der Regel keinen aufwändigen Direktsuchprozess, wenn sie von einer Stelle erfahren, sondern prüfen die Vakanz mit den vorhandenen Kontakten im eigenen Netzwerk oder mit leicht einsehbaren fachlichen Kriterien. Eine tiefe Prüfung der Passgenauigkeit des Kandidaten, insbesondere im Hinblick auf die vorgestellten drei Kreise, unterbleibt oft.

Häufig konzentrieren sich Personalvermittler auf weniger komplexe beziehungsweise weniger selektive Profile. Dadurch passen die Kandidaten auf mehrere Vakanzen, das Risiko beim Personalvermittler sinkt und die Vermittlung kann weitestgehend erfolgsabhängig angeboten werden. Das größte Risiko der Personalvermittler ist, dass sie eine Position nicht besetzen, da andere Agenturen und das Unternehmen selbst ebenfalls Kandidaten rekrutieren, weil die Besetzung nicht an sie übergeben wurde. In vielen Fällen können sie deshalb nicht besetzen und müssen diese Ausfälle einpreisen. Dadurch wird diese Dienstleistung im Verhältnis zur erhaltenen Leistung im Besetzungsfall sehr teuer: Eigentlich greifen Personalvermittlungen nur auf ihr Netzwerk zurück und berechnen dafür dann, im Falle einer Einstellung in der Regel 15 bis 25 % des Jahreszielgehaltes. Da sich Personalvermittler meist auf Profile beschränken, welche bereits in der Agenturdatenbank vorhanden sind und häufig nur oberflächlich passen, sind Kunden in der Praxis dann nach der Zusammenarbeit mit solchen Dienstleistern oft enttäuscht, da sie durch ein fehlgeleitetes oder fehlendes Erwartungsmanagement als Kunde natürlich in jedem Fall trotzdem extrem passgenaue Kandidaten erwarten. Daher ist es wichtig, eine Zusammenarbeit mit einem erfolgsabhängig arbeitenden Vermittler mit realistischen Erwartungen zu beginnen und nicht die Leistungen einer Personalberatung zu kleineren Preisen zu erwarten.

Zeitarbeit ist meist bei kurzfristigem Personalbedarf oder zeitlich begrenztem Personalbedarf beziehungsweise bei regelmäßigen Auslastungsschwankungen, wie beispielsweise in der Logistik, sinnvoll. Rund 18.000 Verleihbetriebe wurden 2013 von der Bundesagentur für Arbeit in Deutschland gezählt, davon 11.000 mit dem ausschließlichen Betriebszweck der Arbeitnehmerüberlassung (vgl. [1]). Hierbei wird zwischen der Arbeitnehmerüberlassung von Fachkräften und der Überlassung von Führungskräften, dem Interims-Management, unterschieden. Auch hier gibt es wiederum zahlreiche nach Fachbereichen oder Managementfunktionen spezialisierte Anbieter. Langfristige Buchungen dieser Dienstleistung sind aufgrund der hohen Kosten meist wenig sinnvoll, die meisten Agenturen bieten jedoch auch eine Möglichkeit der Übernahme der Arbeitskraft bei Zahlung einer vertraglich festgelegten Erfolgsgebühr an.

4.2 Auswahlkriterien: Warum ein Dienstleister meist nicht alle Recruiting-Probleme gleich gut lösen kann

Eine Zusammenarbeit mit externen Dienstleistern kann den Recruiting-Prozess zwar unterstützen, sollte jedoch wohlüberlegt und vorab genau definiert werden. Denn ein Bombardement mit Lebensläufen von ein oder zwei Personalmitarbeitern im Start-up ist wenig effizient und kann durch die schiere Flut an Lebensläufen zu deutlich mehr Aufwand und somit auch zusätzlichen Kosten und damit Effizienzeinbußen führen. Somit müssen zuvor immer auch die Transaktionskosten einer solchen Beauftragung analysiert werden.

Wie bereits in Kap. 2.6 beschrieben, sollte je nach Priorität und Budget eine Sourcing-Strategie pro Stelle definiert werden (Abb. 4.1).

Bei komplexen und relativ schwierig zu besetzenden Vakanzen und Positionen, in denen es darum geht, das Besetzungsrisiko sehr gering zu halten oder auch verdeckt gesucht werden muss, bietet sich eine Zusammenarbeit mit Headhuntern an, insbesondere wenn intern keine Kapazitäten für das aktive Kandidaten-Sourcing zur Verfügung stehen. Gerade bei Geschäftsmodellen, deren Erfolg mit der technischen Umsetzung oder dem exzellenten Vertrieb steht oder fällt, ist die Beauftragung bei solchen erfolgskritischen Rollen sinnvoll. Bei produktgetriebenen Modellen werden in der Regel technisch erfahrene Spezialisten benötigt, die zum einen schwer zu finden sind und zum anderen aus bestehenden Arbeitsverhältnissen abgeworben werden müssen, was einerseits Erfahrung und andererseits Ressourcen erfordert und unter Wettbewerbern teilweise auch nicht direkt möglich ist. Somit macht diese Dienstleistung vor allem bei hoch selektiven Spezialistenrollen und gehobenen Management-Positionen mit einem für Start-ups absolut erfolgskritischen Anforderungsprofil Sinn. Denn nur in diesem Fall sind die höheren Kosten, die solch ein Auftrag verursacht, auch gerechtfertigt und betriebswirtschaftlich sinnvoll.

Eine Zusammenarbeit mit Personalvermittlern ist bei Positionen im mittleren Management und im Fachkräftebereich interessant, wenn beispielsweise Positionen besetzt werden sollen, die Fachqualifikationen erfordern wie beispielsweise Finanz- oder Steuerwissen, gleichzeitig aber gängige Stellen per Definition sind. Für Entwicklerprofile bietet sich eine Zusammenarbeit mit auf den IT-Bereich hochspezialisierten Vermittlern an, die auch internationale Netzwerke pflegen, da im IT-Segment am ehesten ein Mangel vorliegt und die Identifikation von relevanten Kandidaten nur kosteneffizient bei Extremspezialisierung möglich ist. Die Besetzung von IT-Rollen erfordert mittlerweile eine enorme Zeitinvestition und Expertise, so dass bei regelmäßigen Recruiting-Bedarf ein eigener IT-Recruiter eingestellt und ausgebildet werden sollte, um auch hier zentrales Wissen intern aufzubauen und die Effizienz mittel- bis langfristig zu steigern.

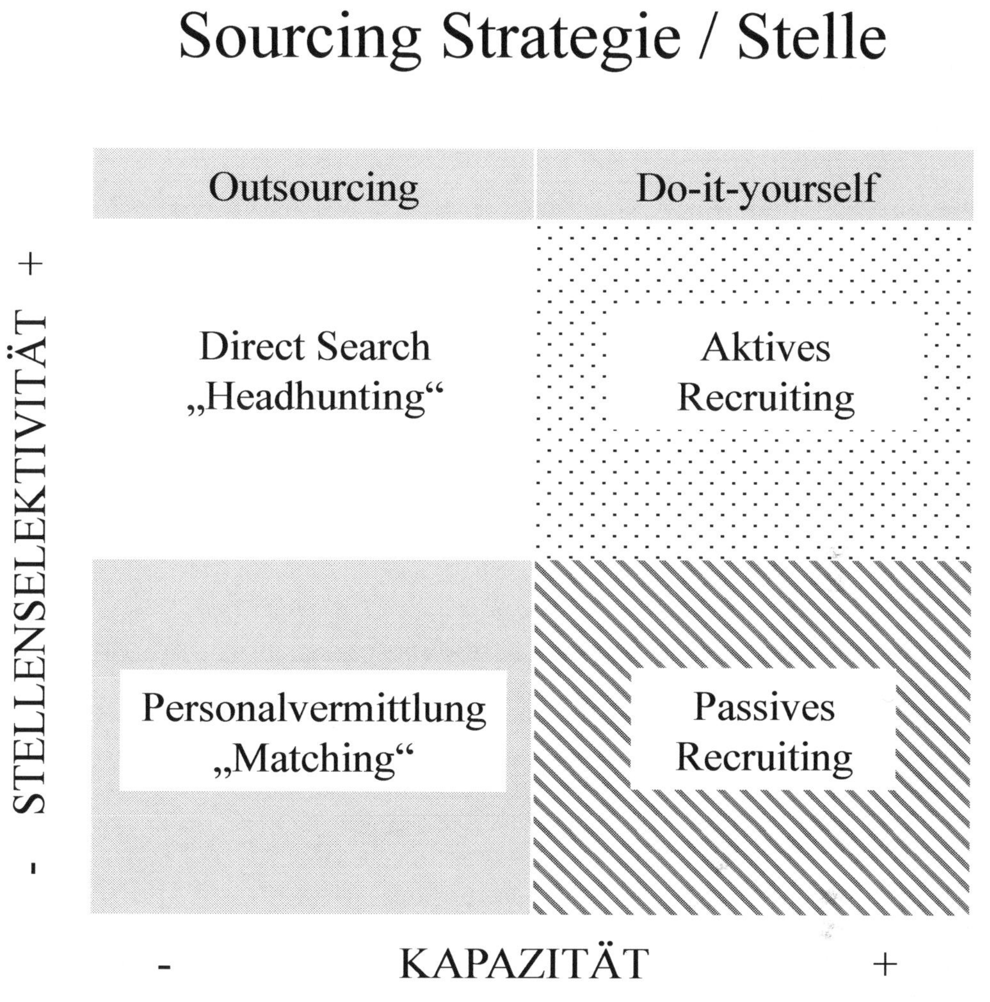

Abb. 4.1 Priorisierung

Einer der Vorteile der Arbeitnehmerüberlassung und damit ein wichtiges Kriterium spiegelt sich in den Zahlen der Bundesagentur für Arbeit wieder: Im ersten Halbjahr 2013 wurden Deutschland weit 449.000 Zeitarbeitsverhältnisse neu abgeschlossen und 484.000 Beschäftigungsverhältnisse beendet (vgl. [1]). Diese Zahlen belegen, dass Arbeitnehmerüberlassung einen enorm hohen Grad an Flexibilität bietet, welche natürlich in Start-ups eine große Rolle spielt. Mit dieser Flexibilität gehen jedoch auch gerade für Start-ups wiederum Nachteile einher: Know-how-Verluste durch Weggang, empfundene höhere Fluktuation, die das so wichtige „Wir-Gefühl“ belastet und manchmal auch fehlende Loyalität oder Verständnis der Arbeitskraft gegenüber dem Unternehmen aufgrund des zeitlich befristeten Einsatzes, können zu Problemen führen.

Unterschieden werden sollte bei der Zeitarbeit zwischen Interims-Management, also der Arbeitnehmerüberlassung von erfahrenen Führungskräften, und der Arbeitnehmerüberlassung von Fachkräften. Interims-Manager können dann sinnvoll sein, wenn beispielsweise ein bestimmtes zeitlich begrenztes Projekt eine spezielle Erfahrung und Expertise erfordert, die im Unternehmen nicht vorhanden ist oder eine kurzfristige Lücke im Unternehmen besteht, die zwingend besetzt werden muss. Interims-Manager sind die teuerste Form der Arbeitnehmerüberlassung und werden auch mit Beratern mit Umsetzungsfunktion verglichen (vgl. [3]). In der Praxis werden Tagesätze zwischen rund 500 und 2000 EUR, je nach Funktion und Vorerfahrung, aufgerufen. Diese Art der Dienstleistung ist nicht nur aus der Kostenperspektive nur für reifere Start-ups geeignet: Gerade in Frühphasen macht es keinen Sinn, zentrale Funktionen an Mitarbeiter auf Zeit zu vergeben und so zentrales Know-how nicht innerhalb des Unternehmens zu bündeln und zu behalten. Viele Start-ups bauen beispielsweise auch auf erfahrenere Interims-Personalleiter. Tatsächlich ist es jedoch genau diese Funktion, die den Erfolg des Start-ups maßgeblich beeinflusst. Sie sollte daher bestenfalls von Anfang an intern abgedeckt werden. Auf der anderen Seite kann es durchaus sinnvoll sein, einen spezialisierten Recruiter mit einem Interims-Mandat zu beauftragen statt mehrere Personalvermittler mit zahlreichen Positionen zu beauftragen und diese dann auch wiederum zeitintensiv steuern zu müssen. Hier steht also immer die Frage im Vordergrund: Was ist in unserer Situation die effizienteste Lösung?

Die Überlassung von Fachkräften und Facharbeitern kann gerade bei Auslastungsschwankungen mit kurzfristigem Bedarf, beispielsweise im Bereich Finanzen und Accounting, Office Management, Logistik, Kundenservice und vielen anderen Bereichen, eine flexible Alternative bieten. Grundsätzlich gilt auch hier, dass alle Prozesse und Funktionen, welche intern in einem Start-up abdeckbar sind und dauerhaft durchgeführt beziehungsweise benötigt werden, so früh wie möglich intern abgebildet werden sollten.

4.3 Verhandlungstipps für externe Dienstleister: Warum es wichtig ist, bei der Verhandlung den Suchmodus zu berücksichtigen

Aus den unterschiedlichen Prozessen der Personalberatungen, Personalvermittler und Zeitarbeitsfirmen folgen auch unterschiedliche Konditionen und unterschiedliche Preismodelle. Folglich bringt eine allgemeine Dienstleisterregelung im Unternehmen, die genau ein Vorgehen für alle zementiert, wenig. Es lohnt sich, bei hohem Bedarf also mindestens eine Regelung für Personalberatungen und eine für die Zusammenarbeit mit Personalvermittlern zu erstellen.

Bei Personalvermittlern, die durch ihre Datenbankprofile gerade am Anfang der Zusammenarbeit kein Risiko übernehmen, erfolgt die Bezahlung meist erfolgsabhängig. Das bedeutet, dass nur im Falle einer erfolgreichen Besetzung eine vorher festgelegte Provision auf das Jahresgehalt, manchmal aber auch ein Festbetrag, in Rechnung gestellt wird. In der Regel liegen diese Provisionssätze zwischen 15 bis 25 %. In diesem Modus kann der Personalvermittler relativ risikolos arbeiten. Der Nachteil: Es kann nicht sichergestellt werden, dass auch tatsächlich wirklich auf das Unternehmen passende Profile präsentiert werden, weil der Personalvermittler nicht in die aktive Identifikation und Ansprache geht. Will eine Personalvermittlung trotzdem besetzen, so muss auch sie in schwierigen Fällen Kandidaten aktiv akquirieren, ohne dass die Kostendeckung gewährleistet ist. Dadurch entsteht der Vermittlung ein Risiko, das nur bis zu einem bestimmten Punkt getragen wird: Bleibt zum Beispiel Feedback auf die präsentierten Profile aus, sind Vermittler schnell gezwungen, den Prozess abzubrechen oder die gefundenen Profile anderen Unternehmen vorzuschlagen. Aus diesem Grund ergibt sich die starke proaktive Präsenz der meisten Personalvermittler. Sie sind aufgrund des erfolgsabhängigen Modus zum proaktiven Anbieten von Lebensläufen gezwungen, um ihre Vorleistungen zu refinanzieren und können dadurch meist keine Prozess- und Ergebnisqualität garantieren. Die Erfahrungen beim Kunden bleiben damit häufig unter den Erwartungen. Gleichzeitig bieten sich gerade bei diesem Modell die meisten Verhandlungsspielräume, weshalb es durchaus attraktiv ist, in strukturierte Gespräche mit den Anbietern zu investieren.

Wer bei erfolgsbasierten Personaldienstleistern die Provision verhandeln möchte, wird meist nur mit der Vergabe von zahlreichen Stellen beziehungsweise einer relativ hohen Marktmacht erfolgreich sein. Zudem müssen bestimmte Prozessanforderungen, wie das schon beschriebene umgehende Feedback, garantiert werden, damit das Risiko der Vermittler kalkulierbar bleibt beziehungsweise dadurch die Chance auf eine Vermittlung erhöht wird. Gerade die Reaktionszeit bleibt ein hohes Risiko im Matching: Wenn der Kunde kein Geld für den Prozess bezahlt, hat er auch nur einen geringen Anreiz, den Prozess schnell und proaktiv voranzutreiben, vor allem wenn ihm zusätzlich eigene Kandidaten vorliegen. Dadurch dauern solche Matching-Prozesse häufig so lange, dass die Personalvermittlung, selbst im Falle einer Besetzung kaum noch daran verdient. Daher kann es sich auch anbieten, solchen Agenturen eine bestimmte Reaktionsgeschwindigkeit zu garantieren, um den Prozentsatz zu reduzieren.

Sofern diese Voraussetzungen nicht erfüllt sind oder nicht erfüllt werden können, lohnt es sich, mit dem relevanten Marktführer zusammen zu arbeiten, da dieser selbst einen hohen eigenen Umschlag durch die Vielzahl der Kunden und Positionen hat und er dadurch mit geringerem Risiko als andere Vermittler arbeitet. Es kann natürlich sein, dass gerade die Marktführer aufgrund ihrer starken Marktposition nicht bereit sind, die Konditionen anzupassen. Für erfolgreiche Verhandlungen gilt es im Einzelfall, die Risikosituation des Dienstleisters zu verstehen und alternative Vorschläge zu entwickeln. Das höchste Risiko der Personalvermittler besteht darin, dass die Position anderweitig besetzt wird und die Vermittlung so auf ihren Kosten sitzenbleibt. Diese Kosten sind also teilweise in die Provision eingerechnet. Vor diesem Hintergrund wäre es beispielsweise möglich, den Prozentsatz dadurch zu minimieren, dass dem Vermittler eine Aufwandsentschädigung für den Fall der „Fremdbesetzung“ angeboten wird, wenn dem Unternehmen selbst ohnehin keine eigenen Kandidaten vorliegen. Dadurch sinkt das Risiko des Vermittlers und eine Anpassung des Preismodells kann möglich werden. Alternativ lässt sich die Provision gegebenenfalls auch durch Rahmenverträge nach unten verhandeln, in denen beispielsweise Exklusivität, also eine Garantie nur mit einem Dienstleister an diesen Vakanzen zu arbeiten, für mehrere ausgewählte Positionen vereinbart wird. Auch die Gewährleistung ist ein weiterer Aspekt, über den der Preis steuerbar ist. Wird vom Personaldienstleister eine Gewährleistung verlangt (für den Fall, dass der Kandidat das Unternehmen innerhalb der Probezeit wieder verlässt), erhöht sich der Prozessaufwand deutlich, da meist eine weitere Interviewrunde und das Einholen von Referenzen eingeplant werden müssen, um die Gewährleistung aussprechen zu können. Der Prozess kann dann nicht zu 10 % Gesamtprovision angeboten werden, sondern muss entsprechend teurer angesetzt werden. Wird auf die Garantie verzichtet, da im Rahmen der Personalvermittlung die Auswahl ohnehin weitestgehend beim Auftraggeber liegt und kaum Zeit in die Briefings der Dienstleister investiert wird, kann der Dienstleister den Prozess anpassen und schlanker gestalten und dann gegebenenfalls auch einen niedrigeren Satz anbieten. Wichtig ist in dem Fall auch, die Erwartungen an den Dienstleister anzupassen.

Zeitarbeitsfirmen veranschlagen in der Regel einen Tagessatz für die Arbeitnehmer und bieten über eine vertraglich vereinbarte Provision oder einen Festbetrag meist auch die Übernahme der Zeitarbeiter in ein festes Vertragsverhältnis an. Falls der Bedarf an Zeitarbeitern regelmäßig und für mehr als eine Position auftritt, macht es auf jeden Fall Sinn, über eine Rahmenvereinbarung attraktivere Tagessätze und Konditionen zu vereinbaren. Für größere Start-ups gilt es zu überlegen, ein größerer Kunde bei einer kleineren Agentur zu werden und dort eine entsprechend höhere Verhandlungsmacht auszuüben, oder eben bei den größeren Agenturen ein sehr kleiner Kunde zu werden, wohingegen dort natürlich wiederum größere Kandidaten-Pools und weniger Ausfallrisiken bestehen.

Headhunting kann in der Regel wie bereits erläutert nicht erfolgsbasiert angeboten werden, da die verursachten Kosten mandatsbezogen und sehr hoch sind, und es aufgrund der hoch selektiven Profilanforderungen und Kandidatenansprache fast unmöglich ist, den entstandenen Aufwand auf andere Besetzungen umzulegen. Gerade im unternehmensspezifischem Briefing, der Erstellung der Search-Dokumente und Zielfirmen et cetera steckt bereits ein hoher Aufwand, der bereits anfällt, bevor die Suche überhaupt für den Kunden sichtbar begonnen hat. Darüber hinaus befinden sich im Rahmen einer Direktsuche in der Regel zwischen 80 und 150 Personen im Prozess, der dadurch entsprechend aufwändig ist und hohe Kosten verursacht. Hinzu kommen mehrere Prüfstufen inklusive persönlicher Interviews, die nötig sind, um die Auswahlqualität zu sichern. Mit einem Search-Prozess werden also deutlich fundiertere, individuelle Leistungen eingekauft. Die Möglichkeiten in der Preisgestaltung sind dadurch beschränkt, da in diesem Modus bestimmte Komponenten, zum Beispiel tiefe Briefings, regelmäßige und schnelle Feedbacks oder eine Gewährleistung immer enthalten sein sollten. Leichte Anpassungen sind möglich, indem beispielsweise anstelle eines Prozentsatzes ein Fixbetrag vereinbart wird. So bleiben die Kosten kalkulierbar und der Personalberater hat keinen Anreiz, die Vergütung des Kandidaten zu beeinflussen oder als Auswahlkriterium zu nutzen.

Ein weiterer Ansatzpunkt für Verhandlungen im Headhunting sind die Höhe und Anzahl der verschiedenen Tranchen und der Zahlungsmodalitäten. Gerade bei kleineren unbekannten Agenturen oder freien Personalberatern ist jedoch Vorsicht geboten: In jedem

Fall sollten vor einer Zusammenarbeit Kundenreferenzen eingeholt werden und die Herangehensweise der Beratung und Erwartungen im Vorfeld genau definiert werden, um nicht am Ende vor enttäuschenden Ergebnissen zu stehen, für die bereits viel Geld gezahlt wurde. Kosten verstecken sich darüber hinaus in der Zusammenarbeit mit Headhuntern in den Spesenrechnungen, die gerade die großen, renommierten Beratungen zusätzlich zur ohnehin schon sehr hohen Provision berechnen. In unseren Augen sollten diese im Rahmen der Provision – wenn sie ausreichend hoch vereinbart wurde – mit abgedeckt sein, denn genau diese zusätzlichen Investitionen werden mit dem Honorar bezahlt. Sie sollten entsprechend, wenn das Honorar über 60.000 € liegt, gestrichen werden.

Ein zusätzlicher Punkt bei der Zusammenarbeit mit externen Dienstleistern, die gerade Start-ups häufig aus dem Vertrag entnehmen möchten, ist die sogenannte Exklusivitätsvereinbarung. Bei der Zusammenarbeit mit Personalberatern, die selten erfolgsabhängig arbeiten, ergibt sich die Exklusivität durch das Preismodell, weil ein Unternehmen kaum mehreren Dienstleistern einen Vorschuss für eine Position bezahlen wird. Es kann durchaus sein, dass ein sehr guter Berater, insbesondere wenn er einen Einstieg in die Branche anstrebt oder den Kunden für strategisch wertvoll hält, darauf verzichten wird. Da er aber mit dem Mittel der Direktsuche arbeitet, wird er im selben Zuge kaum auf die Exklusivität verzichten (und auch andersrum) – über einen Aspekt in den Konditionen muss das Risiko für ihn abgefedert werden, da in der Regel die Investitionen zu hoch sind, um das Risiko allein zu tragen.

Mehr Spielraum gibt es wieder bei den Personalvermittlern in puncto Exklusivität, dabei ist aber wichtig, die Arbeitsweisen genau im Blick zu halten. Arbeiten Start-ups nur mit Vermittlern, die in keinem Fall zusätzlich suchen, ist deren Risiko minimal und sie können entsprechend auf die Exklusivität verzichten. Gleichzeitig steigt das Risiko beim Unternehmen, da eine Stellenbesetzung nicht garantiert ist, und die Notwendigkeit umso höher ist, die Suche mehrfach zu vergeben. Arbeitet ein Start-up stattdessen mit Dienstleistern, die im Zweifelsfall auch in eine zusätzliche Suche gehen und erfolgsabhängig bleiben, kann es sinnvoll sein, ihnen Exklusivität zu gewähren, da nur dann eine Direktsuche für sie halbwegs sinnvoll ist.

Grundsätzlich profitieren von einer Exklusivitätsregelung aber beide Partner: Wer mehrere Firmen mit der gleichen Vakanz beauftragt – und somit Gefahr läuft, dass Bewerber mehrmals von verschiedenen Dienstleistern auf die gleiche Position angesprochen werden – wirkt unkoordiniert und unprofessionell, so dass am Ende das Employer Branding leidet. Ebenso profitieren HR-Verantwortliche davon nur mit einem Dienstleister pro Bereich oder Position zusammenzuarbeiten, um eben nicht in einer Kandidatenflut zu ertrinken und somit nicht mehr reagieren zu können.

Zum anderen stellt eine engere Zusammenarbeit mit einem oder wenigen ausgewählten Dienstleistern langfristig bessere Ergebnisse sicher, da der Dienstleister den Kunden mit jedem weiteren Auftrag besser versteht und damit effizienter die passenden Kandidaten vorstellen kann. Weniger ist folglich mehr, gerade in der Zusammenarbeit mit Dienstleistern. Auch wenn Sie zu Beginn viele Dienstleister testen und mehrere Aufträge parallel in Auftrag geben, lohnt es sich, die Anzahl zu reduzieren, sobald die Arbeitsweise und

Qualität bewertet werden kann. Bleiben Sie in der Bewertung aber fair und fragen Sie sich am besten immer, ob die verhandelten Konditionen dem Dienstleister mit Blick auf das Profil überhaupt eine Chance gelassen haben, exzellente Ergebnisse beim getragenen Risiko zu produzieren.

4.4 Dienstleistersteuerung und Regeln der Zusammenarbeit: Warum auch der Kunde in Aktion treten muss

Auch bei der Dienstleistersteuerung gelten für die Zusammenarbeit mit externen Agenturen bestimmte Regeln. Eine gemeinsame Vorabdefinition der Zusammenarbeit und die Erkenntnis, dass von beiden Seiten in den Aufbau einer Beziehung investiert werden sollte, sind in jedem Falle empfehlenswert. Denn die Zusammenarbeit erfolgt leider viel zu selten gesteuert durch die Recruiter: Viele Vermittlungen bombardieren HR-Verantwortliche anfangs regelrecht mit Lebensläufen, so dass sich Recruiter schnell belästigt fühlen. Im Gegenzug machen Recruiter in der Hoffnung auf einen besseren Rücklauf und eine höhere Erfolgsquote gerne den Fehler, ihre Vakanzen an möglichst viele Vermittler zu verteilen, bleiben passiv und lassen sich so eine Weile „bespielen". Diese Art von „CV-Pushing" mindert jedoch die Effizienz und führt auf keiner Seite zu echter Zufriedenheit.

Die richtige Steuerung des Prozesses und des Dienstleisters vorausgesetzt, glauben wir daran, dass nahezu jede Partnerschaft zum Erfolg gebracht oder schnell beendet werden kann, wenn ersichtlich ist, dass der Dienstleister nicht der richtige Partner ist. So lassen sich Ineffizienzen und Risiken bei der Zusammenarbeit vermeiden. Dieser Prozess ist sehr vergleichbar mit dem Mitarbeiterbewertungsprozess: Wer herausfinden möchte, ob ein Dienstleister geeignet ist, sollte sowohl Zeit in ein ordentliches Erwartungsgespräch, als auch in regelmäßige Jour-fixe- und Feedback-Gespräche und wenn nötig auch in Kritikgespräche investieren, um die gemeinsame Zusammenarbeit positiv zu beeinflussen. Wenn alles getan wurde, um die Beziehung zu entwickeln, aber dennoch keine zufriedenstellenden Ergebnisse erreicht werden, wird schnell offensichtlich, dass die Zusammenarbeit nicht weitergeführt werden kann. Verbessert sie sich durch die Maßnahmen und die Investition in das Miteinander aber maßgeblich, steigt die Chance auf eine qualitativ hochwertige Dienstleisterbeziehung.

Dies bedeutet also, dass der Kunde aktiv die Beziehung zum Personalvermittler gestalten muss. Ähnlich wie im Inhouse Recruiting darf er nicht passiv bleiben und sich nicht darauf verlassen, dass der Dienstleister den Prozess managt. Es ist die Verantwortung des Kunden, die Stelle zu besetzen – der Dienstleister wird dafür lediglich ein Partner, an den die Verantwortung nicht übergehen darf. Dafür hat er zu wenig Informationen und zu wenig Zugriff auf das Unternehmen. Die Steuerung des Prozesses im Sinne eines Vorantreibens und einer Moderation muss in den Händen des Recruiters liegen und als klare Verantwortung erkannt werden. Für keinen ist es sinnvoll, wenn der Prozess ungesteuert bleibt und einfach Lebensläufe versendet werden. Zum einen kann bei einer Nicht-Reaktion seitens des Kunden nicht erwartet werden, dass Personalvermittler erfolgsabhängig und ohne Vermittlung immer wieder weitere passende Profile zusenden. Zum anderen muss durch die Steuerung und das Erwartungsmanagement gewährleistet werden, dass die relevanten Profile zum Unternehmen kommen. Dafür sind eben auch gute, das heißt, intensive und inhaltlich gute Briefings und ein regelmäßiger Austausch erforderlich – eine echte Zeitinvestition und ein weiterer Grund, weshalb es sich empfiehlt, eher mit wenigen Dienstleistern zu arbeiten.

Auch bei Zeitarbeitsfirmen lohnt sich bei einer langfristigen Zusammenarbeit ein regelmäßiger Austausch mit dem Account Manager hinsichtlich der Kandidaten und auch der Leistung der Arbeitnehmer, um bei künftigen Vermittlungen noch besser passende Kandidaten zu erhalten, denn grundsätzlich gilt für jeden Dienstleister: Je länger die Zusammenarbeit und je mehr Informationen in die Beziehung investiert werden, umso besser wird die Qualität des Matchings und umso realistischer damit die Besetzung im erfolgsabhängigen Modus.

Grundsätzlich gilt: Je mehr der Prozess im Unternehmen liegt, umso stärker muss der Recruiter die Dienstleister steuern. Bei der Zusammenarbeit mit Personalberatern sollte eine starke Prozesssteuerung durch den Berater erwartet werden können. Nichtsdestotrotz darf die Verantwortung für die Stellenbesetzung nicht abgegeben werden. Bestandteile in einem Prozess mit einem Personalberater sollten in jedem Fall ein konkretes und exaktes Briefing beim Kunden, die Erstellung einer Zielfirmenliste, eine Bewerbermarktrecherche, die aktive Ansprache passender Kandidaten, deren Konvertierung und Tiefenprüfung durch mehrere Interviews und die Einholung von Referenzen und, je nach Bedarf, auch die Teilnahme an den Interviews beim Kunden sowie die Moderation der Vertragsverhandlungen sein. Zudem sollte festgelegt werden, in welchem zeitlichen Rahmen sich die Zusammenarbeit voraussichtlich erstreckt, und wann und wie gemeinsame Aktualisierungen zum Status erfolgen. Diese Termine sollte der Recruiter im Auge behalten und bei Bedarf auch einfordern. So sollte ebenfalls in einen regelmäßigen Austausch auf Basis eines Reportings des Beraters investiert werden, damit der Recruiter jederzeit über den Status der Suche im Bilde ist und keine bösen Überraschungen erlebt, die im Nachgang nur noch schwer zu korrigieren sind. Es empfiehlt sich, ein iteratives Vorgehen, über das sich beide Seiten kennenlernen und ständig verbessern können.

Wir empfehlen folgende Punkte für die Dienstleistersteuerung zu systematisieren:

- Festlegung eines umfassenden Erst-Briefings zu relevanten Unternehmensinformationen
- Definition von klaren Positions- und Stellendefinitionen mit Anforderungsprofilen und transparente und regelmäßige Kommunikation an den jeweiligen Dienstleister
- Vertragliche Kennzahlenfestlegung (Wie viele Bewerber sind seitens des Dienstleisters zu erwarten? Bis wann ist Feedback zu den Kandidaten an den Dienstleister zurückzusenden etc.)
- Klare Definition der Regeln der Zusammenarbeit (Regelmäßige Jour fixe oder Telefonate, Zusendung Status-Report, Absprachen zu Kandidaten-Feedbacks, Kandidatenabsagen und Vertragsangebote etc.)
- Klare und ausführliche Prozessdefinition zum Vorgehen eines Personalberaters beim Executive Search

- Aktives Einfordern von Status-Aktualisierungen, die eine Einschätzung ermöglichen, welche Ergebnisse noch zu erwarten sind
- Kritikgespräche mit Hinweisen zur Erwartungshaltung
- Ausbau der Aktivitäten zur Stärkung der gemeinsamen Beziehung bei guter Zusammenarbeit bzw. sofortiger Abbruch der Zusammenarbeit bei Ausbleiben von Ergebnissen
- Dokumentation der Ergebnisse

Nur wenn diese Punkte im Vorfeld definiert werden und idealerweise auch im Vertrag integriert werden, ist eine bestmögliche Zusammenarbeit auf Basis klarer Erwartungen mit dem gewählten Anbieter möglich.

4.5 Dienstleistermanagement: Warum sich in starken Wachstumsphasen ein ganzheitliches System lohnt

Bei hohem oder regelmäßigem externen Dienstleisterbedarf in Wachstumsphasen sollte mit wenigen ausgewählten Partnern eine Geschäftsbeziehung aufgebaut werden, um damit neben besseren Preisen und mehr Handlungsspielraum vor allem auch qualitativ die bestmöglichen Resultate zu erzielen (Abb. 4.2). In diesen Fällen macht ein ganzheitliches Dienstleistermanagement Sinn, welches die Zusammenarbeit mit Personalvermittlern, Personalberatern und auch anderen externen Dienstleistern zentral koordiniert und kontrolliert.

Dies bedeutet, dass im Laufe der Zeit mit ausgewählten und bereits getesteten Partnern ein Dienstleistungs-Pool aufgebaut wird. In diesem Pool werden sich dann für das Recruiting beispielsweise wenige funktionsspezialisierte Vermittler (Finance, IT, usw.), ein bis zwei Zeitarbeitsfirmen sowie wenige ausgewählte Personalberater für die Positionen, in denen eine externe Direktsuche erforderlich ist, befinden. Recruiter sollten für den Aufbau wenige ausgewählte Dienstleister in einem ersten Auswahlverfahren testen und dann je nach Ergebnisqualität in den Dienstleister-Pool integrieren. Mit hinzukommenden Dienstleistern kann man dann ebenfalls in eine Testphase gehen, für die klare Regeln gelten, und kann so den Pool ständig erweitern und überprüfen um schlussendlich mit den besten Dienstleistern zu arbeiten. In diesen Pool sollten ebenfalls externe Trai-

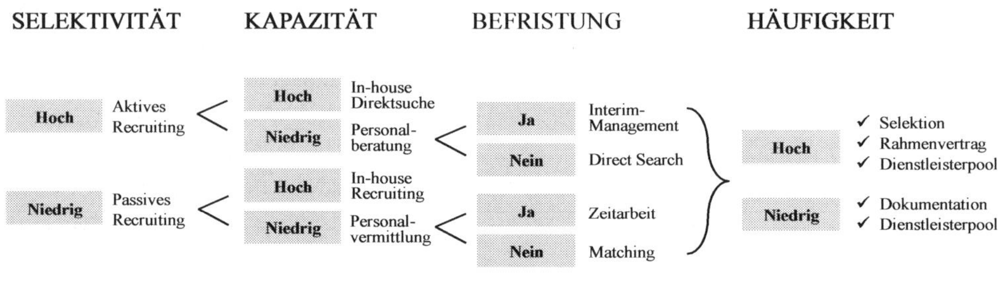

Abb. 4.2 Entscheidungsbaum externe Dienstleister

nings- und Personalentwicklungsanbieter, Trainer, Coaches und weitere relevante Partner aufgenommen werden, sobald eine Bewertung der Zusammenarbeit möglich ist. Der Pool sollte zentral von einer Person verantwortet werden, da dann auch unternehmensintern regelmäßig Feedback zur Leistung und Qualität der einzelnen Dienstleister eingeholt und dokumentiert werden kann. Durch das zentrale Vertragsmanagement kann zusätzlich auch einer chaotischen Beauftragung von Dienstleistern durch unterschiedliche Fachabteilungen entgegengewirkt werden.

Ein zentrales Dienstleistungs- und damit auch Vertragsmanagement schafft nicht nur eine bessere Qualitäts- und Prozesskontrolle, sondern vor allem auch eine transparentere und planbarere Kostenstruktur. Denn häufig sind in sehr stark wachsenden Start-ups so viele Personaldienstleister involviert, dass über die Schaffung solcher zentral koordinierter Key-Account-Beziehungen beachtliche Kosteneinsparungen erzielt werden können.

Zusammenfassung: Recruiting Outsourcing

- Externe Dienstleister sollten nur dann beauftragt werden, wenn ein Start-up die Besetzung intern nicht abdecken oder die Besetzung über externe Dienstleister deutlich effizienter erfolgen kann.
- Bei der Zusammenarbeit mit externen Dienstleistern sollte zwischen Personalvermittlung, Personalberatung und Arbeitnehmerüberlassung unterschieden werden.
- Bei der Entscheidung zwischen Personalberatung und Personalvermittlung gilt: Je selektiver, höher im Management und erfolgskritischer die Position für ein Start-up ist, desto eher bietet sich die Direktsuche über einen Personalberater im Vergleich zum Netzwerk-Matching eines Personalvermittlers an. Dies gilt insbesondere auch für verdeckte Suchen.
- Je nach Dienstleister können bei der Vertragsverhandlung die Provision oder Tranchen gegebenenfalls verhandelt werden, wenn im Gegenzug das Risiko des Dienstleisters anderweitig verringert wird.
- Bei Beginn müssen die Regeln der Zusammenarbeit explizit definiert werden: Die Frage, wie sich die Zusammenarbeit genau gestaltet, sollte alle einzelnen Komponenten der Zusammenarbeit verbindlich klären, um eine konstruktive und transparente Arbeitsweise und damit die bestmöglichen Ergebnisse zu erzielen.
- Jede Beziehung zu einem Dienstleister kann über aktives Performance Management zum Erfolg oder zum rechtzeitigen Abbruch gebracht werden. Hierfür ist jedoch eine Zeitinvestition auf Unternehmensseite für die Steuerung erforderlich.
- Durch die langfristige Zusammenarbeit mit einzelnen Dienstleistern wird die Qualität der Ergebnisse und die Effizienz erhöht. Es gilt immer: Weniger ist mehr.
- Wer regelmäßig oder sehr hohen Bedarf an externen Dienstleistern hat, sollte früh ein zentrales und ganzheitliches Dienstleistungsmanagement aufbauen, um die richtigen Dienstleister kosteneffizient mit der richtigen Stellensuche zu beauftragen.

Weiterführende Literatur

1. Bundesagentur für Arbeit (2014) Der Arbeitsmarkt in Deutschland – Zeitarbeit – Aktuelle Entwicklungen: http://statistik.arbeitsagentur.de/cae/servlet/contentblob/244170/publicationFile/119019/Arbeitsmarkt-Deutschland-Zeitarbeit-Aktuelle-Entwicklung-1HJ2010.pdf. Zugegriffen: 20. Juni 2014
2. Dahlems R (2013) Personalberater erfolgreich auswählen und führen: Was Personalverantwortliche und Manager über Executive Search wissen müssen, Aufl. 2014. Springer Gabler, Wiesbaden
3. Fiedler M (2013) Interimsmanager: Die Elite der Zeitarbeiter. SPIEGEL ONLINE http://www.spiegel.de/karriere/berufsleben/fuehrungskraefte-auf-zeit-nachfrage-nach-interimsmanagern-steigt-a-891333.html. Zugegriffen: 01. April 2013
4. Hofmann D, Steppan R (2010) Headhunter: Blick hinter die Kulissen einer verschwiegenen Branche, Aufl. 2011. Gabler, Wiesbaden

Teil II

Kommunikation, Kandidaten-Sourcing und Personalauswahl

5 Stellenkommunikation und Bewerbersuche

Zusammenfassung

Die Information und Ansprache des Kandidatenmarktes ist im Digitalen Zeitalter zur Herausforderung geworden, da sich das Informationsverhalten der Kandidaten stark verändert hat. Will man die besten Kandidaten erreichen, reicht es nicht mehr aus, Stellen auf der Homepage und wenigen Portalen zu veröffentlichen und zu hoffen, dass sie sich bewerben. Man muss ihr Informationsverhalten verstehen und sie mit den richtigen Inhalten dort erreichen, wo sie sich aufhalten, auf dem internen und dem externen Kandidatenmarkt. Die Stellenkommunikation und der öffentliche Teil des Recruitings wird damit immer mehr zur Marketing- und Vertriebsaufgabe. Um die richtigen Kandidaten zu erreichen, muss entschieden werden, über welche Kanäle am effektivsten kommuniziert wird. Auch die Gestaltung der Kommunikationsinhalte wird vor dem Hintergrund der Erwartungen der Bewerber im Digitalen Zeitalter deutlich komplexer.

5.1 Informations- und Bewerberverhalten im digitalen Zeitalter: Warum ganzheitliche Kommunikation so wichtig ist

Es war schon immer eines der zentralen Probleme im Recruiting, dass nicht sichergestellt werden konnte, dass alle relevanten Kandidaten auch immer von allen relevanten Positionen erfahren. Dieses Problem hat sich mit der Medienvielfalt und dem im digitalen Zeitalter veränderten Informationsverhalten noch deutlich verstärkt: Durch die Vielzahl an Medien kann man eben auch leicht aneinander vorbei kommunizieren, insbesondere wenn Kandidaten heute erwarten, dass Informationen sie erreichen, Unternehmen sich darauf aber noch nicht eingestellt haben.

Hinzu kommt, dass Bewerber heutzutage in einer besseren Verhandlungsposition sind und hohe Ansprüche an den künftigen Arbeitgeber haben. Die Machtverhältnisse auf dem

C. Buchheim, M. Weiner, *HR-Basics für Start-ups,* DOI 10.1007/978-3-658-03893-9_5

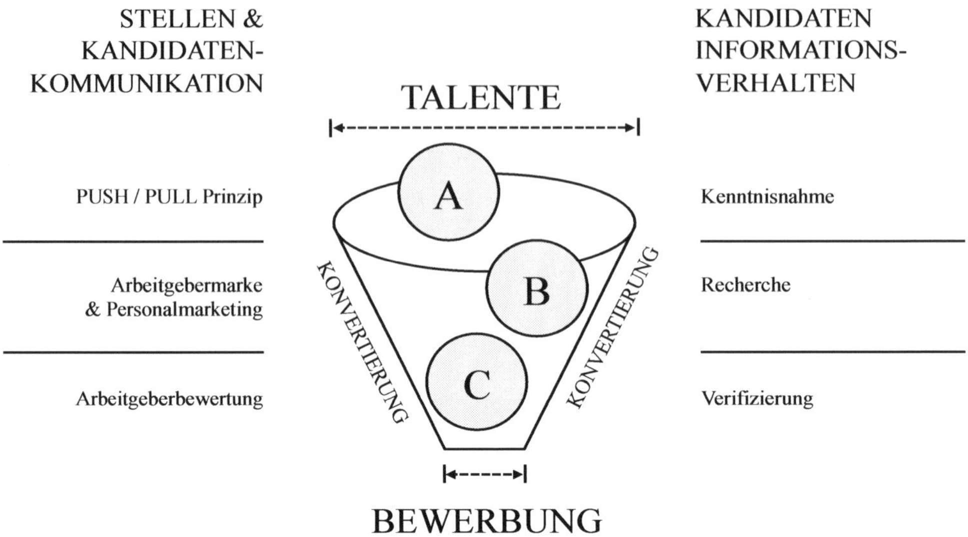

Abb. 5.1 Informationsverhalten im Digitalen Zeitalter

Arbeitsmarkt sind jetzt weitestgehend ausgeglichen. Daher überlegen sie sich sehr genau, für welches Unternehmen sie sich bewerben und suchen bereits im Vorfeld nach Informationen, die eine möglichst authentische Bewertung des potentiellen Arbeitgebers zulassen. Sie suchen nach Informationen, die damit weit über die Stellenbeschreibung hinausgehen.

Grundsätzlich müssen mögliche Bewerber also zunächst von einer Stelle erfahren (Stelleninformation), indem sie entweder von einer veröffentlichten Anzeige erreicht werden (passive Ansprache, beziehungsweise Push-Prinzip) oder direkt auf eine Stelle angesprochen werden (aktive Ansprache, beziehungsweise Pull-Prinzip), damit auch diejenigen Kandidaten erreicht werden, die aktuell nicht aktiv suchen. Im zweiten Schritt recherchieren Kandidaten dann in der Regel weitere, über die Stelle hinausgehende Informationen zum Unternehmen und im dritten Schritt versuchen sie, diese Informationen zu verifizieren, indem sie sich auf Bewertungsportalen oder über ihr Netzwerk Referenzen einholen (Abb. 5.1).

Entsprechend sollten sich Unternehmen demnach auch nicht auf einen Kanal mit Blick auf die Kommunikation zum Kandidaten konzentrieren, sondern eine ganzheitliche Kommunikation anstoßen, die alle drei relevanten Informationsstufen von Anfang an berücksichtigt:

- Informationen zur Stelle streuen, so dass der geeignete Kandidat von der Stelle erfährt (nach wie vor ist die Stellenanzeige beziehungsweise das Stellendossier hierfür ein wichtiges Instrument und Grundlage des Prozesses)
- Informationen kommunizieren, die das Unternehmen erlebbar machen (via Karriere-Webseite und Social-Media-Kanäle)

- Kanäle anbieten und moderieren, über die eine Bewertung der zur Verfügung gestellten Information erfolgen kann (zum Beispiel über Arbeitgeberbewertungsportale, Dialog mit den Kandidaten etc.)

Die meisten Start-ups, die ihre Kommunikation in der Regel neu aufstellen, machen an dieser Stelle schon sehr viel richtig. Hier haben ältere Unternehmen mit gewachsenen Strukturen und Prozessen und weniger ausgereifter Digitalkompetenz häufig mehr Probleme, da sie sich auf die geänderten Anforderungen einstellen und umdenken müssen. So beschränken sie sich häufig noch auf die passive Ansprache über Stellenanzeigen in Print-Medien und Online-Plattformen und hoffen auf eine resultierende Bewerberflut. Informationen zum Unternehmen erhält der Kandidat im schlimmsten Fall nur über die Homepage selbst (keine Karriereseite) und schon gar nicht über Social-Media-Kanäle, da beides aus Unwissenheit, Ablehnung oder auch Personalmangel kaum gepflegt wird. Kein Wunder also, dass die erhoffte Bewerberflut ausbleibt oder die Bewerberqualität sinkt und der Fachkräftemangel ausgerufen wird.

5.2 Kommunikationsinhalte: Warum Eigenselektion Kernziel sein sollte

Spätestens mit Beginn der externen Kommunikation gilt es zu überlegen, wie und mit welchen Inhalten Kandidaten am besten erreicht werden.

Ziel einer erfolgreichen Bewerberkommunikation ist es dabei nie, möglichst viele Bewerbungen zu erhalten, sondern durch klare Botschaften, die eine Eigenselektion ermöglichen, vor allem die richtigen Bewerbungen zu generieren und die relevanten Interessenten von einer Bewerbung zu überzeugen (Abb. 5.2).

Gerade für Start-ups, die selten ausreichend Ressourcen für die Bewerberadministration zur Verfügung stellen können, ist das von Bedeutung. Was nützt es, viele Bewerbungen durch den Prozess zu schleusen, die kaum passen? Dadurch werden lediglich mehr Kosten verursacht und mehr enttäuschte Bewerber generiert. Um solche Ergebnisse zu vermeiden, lohnt sich der Aufbau einer sehr klaren Marke, die bereits im Vorfeld die Eigenselektion ermöglicht. Und das beginnt bereits mit der Formulierung der Vision (Abb. 5.3).

Die Leitfragen für die Entwicklung der Kommunikationsinhalte einer Employer Brand mit Selektionskraft lauten damit: Wie werden wir zum „Employer of Choice“ für die Talente, die wirklich zu uns passen? Wie gestalten wir Botschaften im Rahmen der Bewerberkommunikation so, dass sie eine optimale Vorselektion ermöglichen und wir im Ergebnis einen möglichst effizienten Bewerbungsprozess erreichen?

Abb. 5.2 Talent Trichter

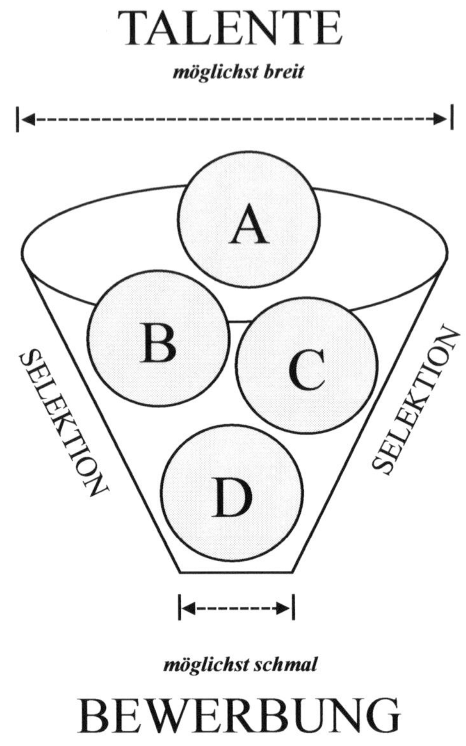

Abb. 5.3 Employer Brand

5.3 Interne Bewerber & Talentpools: Warum sie am Anfang der Kandidatensuche stehen sollten

Das beschriebene Informationsverhalten gilt grundsätzlich auf dem internen und dem externen Bewerbermarkt, wobei man auf dem internen Markt, also im eigenen Unternehmen, den Vorteil genießt, dass Mitarbeiter das Unternehmen schon weitestgehend kennen und die Konvertierung entsprechend einfacher sein kann, will man sie für andere Stellen gewinnen. Ein großer Vorteil etablierter, großer Unternehmen. Zum einen kann deutlich schneller und fast ohne das Verursachen von Kosten und mit begrenzten Risiken einer Fehlbesetzung rekrutiert werden, zum anderen wird so die Entwicklung der Unternehmensmitglieder ermöglicht, insbesondere dann, wenn es kaum Entwicklungsmaßnahmen oder -systeme gibt. Vor diesem Hintergrund sollte im Grunde genommen immer die interne Kommunikation der erste Schritt bei Veröffentlichung einer Stelle sein. Häufig wird dieser Weg jedoch unterschätzt und missachtet, weil nicht daran gedacht oder nicht vermutet wird, dass sich der geeignete Kandidat schon im Unternehmen aufhält. Vielleicht aber auch, weil die Annahme existiert, dass es auf dem externen Markt geeignetere Kandidaten gibt, die man nicht ungeprüft lassen will. In acht von zehn Fällen, in denen wir zu einer Stellenbesetzung hinzugezogen werden, wurde diese Option nicht im Vorfeld überprüft. Und das ist meist alles, was es braucht – eine kurze Überprüfung des bestehenden Teams direkt am Anfang des Suchprozesses, die insbesondere in Start-ups schnell und effizient abgeschlossen sein dürfte. Allein damit kann ein essentieller Beitrag zum Retention Management im Unternehmen geleistet werden. Außerdem kann so sichergestellt werden, dass kein unnötiger Prozess angestoßen werden muss. Es gilt immer: Interne Entwicklung vor externer Rekrutierung.

Auch hier gilt es wieder pragmatisch zu bleiben. Die interne Rekrutierung sollte kein zementiertes Dogma werden, das verhindert, dass externes Wissen und Talent hinzugeholt wird, wenn es benötigt wird. Es reicht in der Regel aus, das Team regelmäßig über die offenen Stellen zu informieren und auch in Mitarbeiterempfehlungsprogramme (siehe Kap. 6.7) zu integrieren, beziehungsweise offene Positionen im Managementkreis mit gewisser Regelmäßigkeit durchzusprechen und auf interne Besetzungsmöglichkeiten hin zu überprüfen.

Die gleichen Überlegungen treffen auf einen Talentpool zu, der frühzeitig aufgebaut werden sollte. Dabei geht es um sehr gute Bewerber, die sich offensichtlich schon für das Unternehmen interessieren, grundsätzlich geeignet sind aber nicht auf aktuelle Stellen passen. Auch hier kann man den Vorteil nutzen, dass der Kandidat bereits konvertiert werden konnte und man so deutlich effizienter rekrutiert, wenn man bei Öffnung einer Stelle zunächst auch diesen Pool – neben dem internen Kandidatenmarkt – nutzt. Es ist wichtig, ein geeignetes Tool dafür zu nutzen, damit im richtigen Moment schnell darauf zugegriffen werden kann und bei Bedarf nicht mit der Sichtung von alten Bewerbungen begonnen werden muss. Zudem müssen Kandidaten in jedem Falle der Speicherung ihrer Bewerbungsdaten zustimmen. Es gilt also, die Zustimmung zu der Integration in den Talent-Pool schriftlich bei den Kandidaten einzuholen.

> **Achtung: Datenschutz und AGG** Die Aufbewahrungsfristen von Kandidatenunterlagen dürfen den gesetzlichen Rahmen nicht übersteigen. Wenn ein Bewerber nicht ausdrücklich (schriftlich) seine Einwilligung zur Speicherung seiner personenbezogenen Daten in der Datenbank für spätere Karrierezwecke gegeben hat, so müssen alle Daten und Unterlagen des Kandidaten spätestens drei Monate nach Bewerbungseingang unwiderruflich gelöscht werden.

Das Anlegen einer solchen Talent-Datenbank kann sehr einfach sein, benötigt keine massiven Vorüberlegungen oder Entscheidungen und kann damit leicht implementiert werden. In manchen Applicant-Tracking-Systemen gibt es Möglichkeiten, diese Pools anzulegen. In einigen kann man beispielsweise einen Job kreieren, der einfach „Pool" genannt wird. Falls kein Tool vorhanden ist, kann natürlich auch pragmatisch eine Excel-Liste helfen. Wichtig ist vor allem der Aspekt der parallelen Dokumentation während des Screening-Prozesses. Da dieser sehr zeitaufwändig und entsprechend mit hohen Kosten verbunden ist, sollten die Erkenntnisse grundsätzlich exzellent dokumentiert werden, um redundante Investitionen, zum Beispiel bei einer erneuten Stellenausschreibung, zu vermeiden. Gerade in den Fällen, in denen Positionen sehr schnell besetzt werden müssen, zahlt sich diese Vorinvestition aus, weil sich im Bedarfsfall dann häufig ein bis zwei Prozessstufen erübrigen. Dies erhöht zum einen die Geschwindigkeit, reduziert zum anderen aber auch das Risiko, unter Zeitdruck bei geringem Bewerberaufkommen vorschnell falsche Entscheidungen zu treffen. Der Pool ist damit auch immer eine Erweiterung der Kandidatenzahl für eine Position, hat allerdings auch den Nachteil, dass die Kandidaten nicht zwangsläufig verfügbar sind.

Es lohnt sich außerdem, sofern innerhalb des Unternehmens Ressourcen verfügbar sind, den regelmäßigen Austausch mit den Kandidaten zu suchen und diejenigen Kontakte aktiv zu pflegen, die als relevant und grundsätzlich zum Unternehmen passend identifiziert wurden, aber noch nicht eingestellt werden konnten. Auch hier geht es wieder darum, pragmatisch vorzugehen. Eine Einladung der Kandidaten zu Unternehmensveranstaltungen oder ein eigenes kleines Event für Kandidaten dieses Pools oder einfach auch nur ein regelmäßiger Newsletter, der über Aktuelles aus dem Unternehmen informiert, kann reichen, um im Austausch mit den Kandidaten zu bleiben.

5.4 Passive Ansprache: Was es in der Stellenausschreibung zu beachten gilt

Auch wenn die Bedeutung der klassischen Stellenanzeige abnimmt, empfiehlt es sich nach wie vor zu Beginn der Kommunikation ein Dokument zu erstellen, das die Inhalte zur Stelle übersichtlich und strukturiert darstellt und als Inhaltsreferenz auf den einzelnen Kanälen verlinkt werden kann. Es ist das wichtigste Instrument für den ersten Schritt im Informationsprozess (Abb. 5.4), weil sich darüber die Informationen effizient an Kandidaten weitergeben lassen. Die meisten Unternehmen nutzen hierfür aus Gewohnheit das Format der Stellenanzeige, weil dieses ohnehin für die Veröffentlichung auf Stellenbörsen benötigt wird.

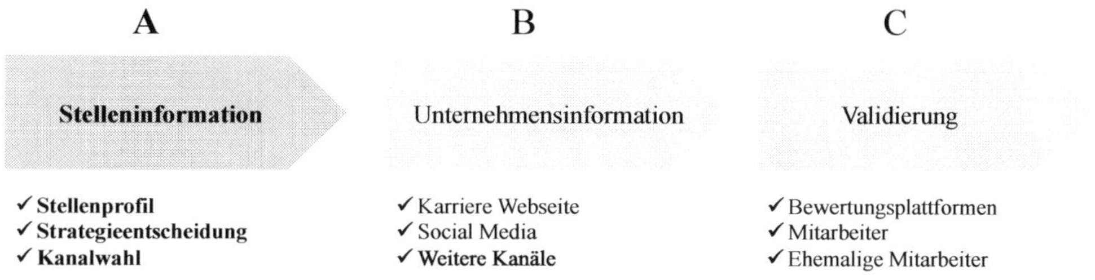

Abb. 5.4 Stelleninformation

Es spricht aber auch nichts dagegen, kreativ zu werden und andere Formate wie zum Beispiel komplette Dossiers – wie sie auch im Rahmen von Headhunter-Suchen verwendet werden – zu nutzen oder auch andere Formen der Ausschreibung. Je besser, das heißt, je detaillierter, zusammenhängender und relevanter diese Informationen zusammengestellt sind, umso eher wird ein Kandidat, der darauf gestoßen ist und geeignet ist, sich für eine Bewerbung entscheiden. Je weniger Informationen ein Dossier enthält, umso weniger passende Kandidaten wird man von einer Bewerbung überzeugen. Dies bedeutet jedoch nicht, dass diese Dokumentation möglichst lang sein sollte – die Aussagekräftigkeit definiert sich an der Prägnanz der relevanten Informationen: Viele Stellenanzeigen, die in gängigen Stellenbörsen zu finden sind, konzentrieren sich leider darauf ausführlich zu beschreiben, wen sie suchen, über Studienart bis hin zu den Beschreibungen der vorherigen Laufbahn sind dann zahlreiche Anforderungspunkte über eineinhalb Seiten auf einem meistens recht generischen Wunschprofil zu lesen. Diese Anzeige ist aber nicht aus Sicht des Kandidaten erstellt worden, der, wenn er sich durch alle Punkte gequält hat, kaum Informationen über die Position oder das Unternehmen erhält und entsprechend wenig interessiert sein wird. Selbst wenn er auf die Beschreibung passt, die er gelesen hat, wüsste er nicht genau, worauf er sich bewerben würde und tut es dann im Zweifelsfall auch nicht.

Mit dieser Form der Anzeigen wird den Kandidaten die Fähigkeit, sich selbst auf das Unternehmen und die Position „matchen" zu können, genommen. Wenn die Stelle und die verbundenen Aufgaben und Herausforderungen stattdessen gut beschrieben sind, kann sich ein Interessent ziemlich genau selbst hinterfragen und prüfen, ob er die Herausforderung annehmen kann und will. Das Matching erfolgt dann auf der Basis der Aufgaben, nicht auf Basis der gewünschten Anforderungen. Je anspruchsvoller, genauer und prägnanter dabei die Aufgaben und Verantwortungen beschrieben sind, umso höher ist auch die Selbstselektion der Kandidaten, die auf diese Weise viel besser funktioniert, als über die alleinige Beschreibung des Zielprofils, das nicht immer eine vollständige Reflektion über das eigene Profil zulässt.

Auch was die Textinhalte der Stellenanzeigen betrifft, so lohnt es sich auch hier Zeit in ein treffendes, ansprechendes aber auch polarisierendes Wording zu investieren, um die Kandidateneigenselektion weiter zu erhöhen. Wenn hier von starken, polarisierenden Aussagen die Rede ist, sind allerdings keine „pseudo-coolen" Floskeln wie zum Beispiel „Wir suchen Tech Geeks und Super Management Rockstars." gemeint. Diese Bezeichnungen sind zwar gewissermaßen anders, provozieren und damit trennscharf selektieren können sie aber nicht. Bei den Jobsuchenden lösen solche Formulierungen bis auf Fremdscham

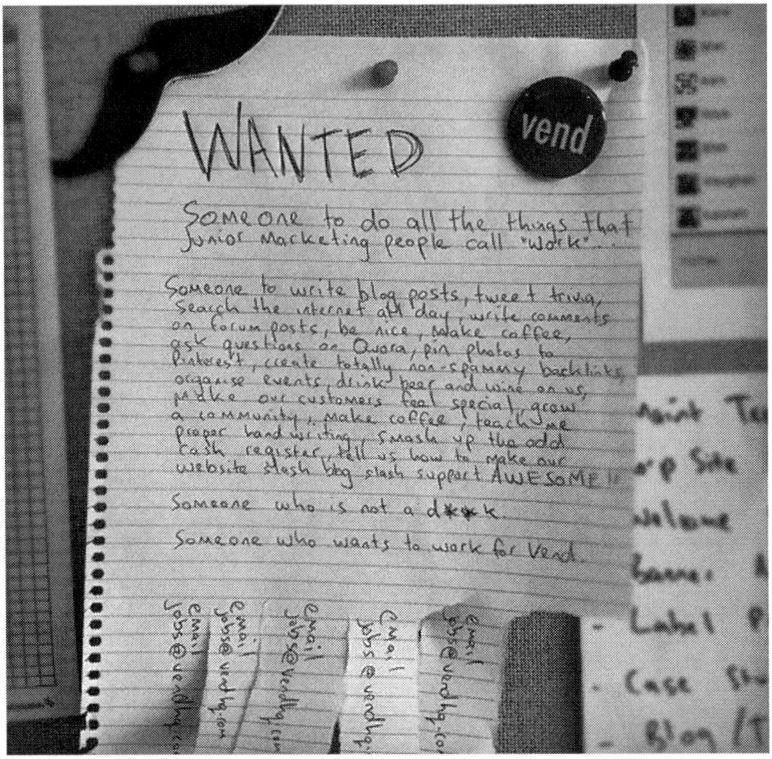

Abb. 5.5 Kreative Stellenanzeige I

meistens nichts aus. Polarisieren bedeutet, entlang der eigenen Werte Grenzen zu ziehen, Spannungen zu schaffen, und damit die persönliche Auswahl zu erleichtern. Formulierungshilfen können hier zum Beispiel Gegenthesen sein: Wie würden wir etwas „normalerweise" formulieren, wie klingt das Gegenteil davon? Kann dies noch abgewandelt werden (Abb. 5.5 und 5.6)?

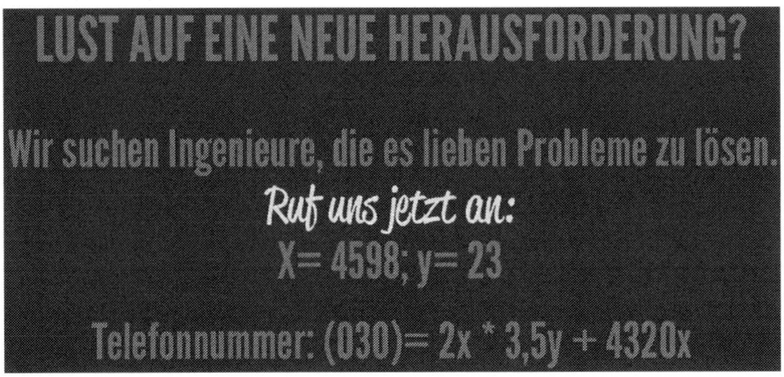

Abb. 5.6 Kreative Stellenanzeige II

Grundsätzlich gilt: Seien Sie kreativ und fragen Sie sich, wie Sie diejenigen erreichen, nach denen Sie suchen!

Bei Positionen mit relativ hohem Bewerberaufkommen lohnt es sich, zusätzlich im Sinne der Effizienz noch stärker vorzuselektieren, beispielsweise indem Recruiter zusätzlich vor der Einladung zum Interview noch einmal eine positionsspezifische Fachaufgabe direkt in die Ausschreibung integrieren. So wird gewährleistet, dass sich im Anschluss auch nur diejenigen Kandidaten im Screening-Prozess befinden, die auch ein ernsthaftes Interesse an der Position aufweisen.

▶ **Anzeigeninhalte optimieren** Stellen Sie in einer Stellenanzeige beziehungsweise im Dossier die Informationen dar, die ein Kandidat benötigt, um selbst entscheiden zu können, ob er die Aufgaben und Herausforderungen annehmen kann und möchte, und fordern sie nicht nur nach dem Wunschprofil. Lassen Sie Forderungen doch einmal ganz weg. Auf diese Weise erhöhen sich sowohl die Selbstselektion, die ohne Informationen zu den konkreten Inhalten der Stelle kaum möglich ist, sowie auch eine Bewerbung derjenigen Kandidaten, die sehr gut passen würden, sich aber aufgrund eines Mangels der beschriebenen Forderungen gegebenenfalls nicht beworben hätten.
Um die bestmögliche Online-Trefferquote zu erreichen, sollte zudem im Vorfeld geklärt werden, was die relevanten Schlagworte für die jeweilige Position und auch das Start-up sind, und die Anzeigeninhalte dahingehend angepasst werden. Zudem kann es sich manchmal auch lohnen, einen Job mehrmals mit verschiedenen Titeln auszuschreiben, beziehungsweise vorab zu überlegen, wie der Titel hinsichtlich der später zu verwendenden Kanäle gestaltet sein sollte. Zum Beispiel werden manche kreative Jobtitel bei größeren Jobbörsen wie Monster oder Stepstone unter Umständen nicht gefunden, da diese über die Suchfunktion dann einfach nicht gefunden beziehungsweise überhaupt gesucht werden.

5.5 Kanäle der passiven Ansprache: Warum es um zielgruppengerechte Verteilung statt nur Veröffentlichung geht

Die Veröffentlichung von Stellenprofilen in Jobbörsen bleibt ein wichtiges Kommunikationsinstrument für Unternehmen, da die Suche über Jobbörsen für alle Beteiligten, also auch die Kandidaten, eine gelernte Konvention ist und grundsätzlich als Zusatz oder im Einzelfall auch alleine sehr gut funktionieren kann, wenn das Profil zur Plattform und damit zur Zielgruppe passt. Das Veröffentlichen und Pflegen der Stellenanzeigen auf vielen Portalen ist jedoch auch sehr zeitintensiv, weshalb früh optimiert werden sollte.

Stellenportale

- Nutzen Sie Stellenportale, die breit streuen und von anderen Börsen importiert werden (zum Beispiel auch die kostenfreie Jobbörse der Arbeitsagentur: Dadurch erhöht sich die Reichweite, Streuung und Wahrscheinlichkeit der Wahrnehmung beträchtlich).
- Bewerten Sie Stellenanzeigen immer im Verhältnis von Preis, Reichweite und Positionseignung. Nicht alle Portale eignen sich für alles, nicht alle Stellen für eine Veröffentlichung.
- Bewerten Sie die Effizienz von Portalen im Zusammenhang mit der Position beziehungsweise Funktion. Fügen Sie jeder Stellenanzeige eine Referenznummer hinzu, die für die Bewerbung genutzt werden soll, so dass Sie die Effizienz des Portals verfolgen können und nach und nach Wissen über die Eignung der Portale für unterschiedliche Funktionen aufbauen können.
- Tauschen Sie sich auch mit anderen Recruitern über Erfahrungswerte mit den verschiedenen Jobbörsen aus.

Für Start-ups und digitale Profile bieten sich zielgruppenspezifische Jobbörsen an, zum Beispiel Deutsche Start-ups, Gründerszene oder Exciting Commerce. Stellenbörsen wie Stepstone, Monster usw. sind gerade für Start-ups meist recht teuer. Der Rücklauf an Bewerbungen ist zwar massiv, aber nicht unbedingt passgenau. Aufgrund der hohen Reichweite dieser Börsen können Inserate, je nach anvisierter Zielgruppe, natürlich trotzdem sinnvoll sein. Dann gilt es aber gerade dort die Stellenanzeige mit einem möglichst hohen Bewerberfilter und dem optimalen Jobtitel auszustatten.

Bei Spezialisten lohnt es sich zusätzlich oder zunächst auch im Alleingang spezialisierte Jobbörsen zu nutzen, da der Rücklauf erheblich passgenauer und selektierter ist. Es finden sich mittlerweile auch Anbieter im Netz, welche ganze Online-Stellenpakete zu günstigeren Preisen anbieten, wie zum Beispiel Stellenpakete.de oder 1000jobboersen.de. Diese Angebote können besonders bei einer speziellen Suche oder einem ersten großen Auswahlverfahren bei der Positionseröffnung hilfreich sein. Für Absolventen und Praktikanten sollten die Hochschulkarrierezentren kontaktiert werden. Diese verfügen neben Karrieremessen meist über E-Mail-Verteiler der Fachbereiche und weitere Möglichkeiten, Vakanzen unter den Studenten und Absolventen zu veröffentlichen.

Je nach Position können sich auch heute Printanzeigen noch lohnen: Gerade bei reiferen Start-ups, welche gehobene Positionen oder Positionen mit einem höheren Offline-Bezug, wie zum Beispiel klassische Vertriebspositionen, Offline-Marketing-Positionen oder kaufmännische Rollen zu besetzen suchen, kann sich eine Print-Anzeige in der Fach- oder überregionalen Presse in Ausnahmefällen lohnen. Hier wird der bereits erläuterte Ansatz der Zielgruppenausrichtung ersichtlich: Grundsätzlich funktioniert jedes Medium, falls es stimmig eingesetzt wird. Hier gehen leider noch zu wenig Recruiter mit der entsprechenden Marketingsicht und Optimierung ans Werk.

Neben Jobbörsen gibt es viele weitere spannende Kanäle zur Streuung von Stellen. Spezialisten sollten zusätzlich je nach Fachrichtung auch gezielt über Fachbeiträge, Posts oder Diskussionen in relevanten Foren, Magazinen oder auch dem eigenen Newsletter angesprochen werden. Dies ist auch wiederum für die Netzwerkpflege und ein langfristig erfolgreiches Talent Management wichtig. Start-ups können auf diesen Plattformen mit ihrer spezifischen Expertise punkten und potentielle Talente so anziehen. Ob durch Fachbeiträge, interessante Xing-Posts oder Netzwerk-Events: Wichtig ist, dass Top-Talente bereits früh zielgruppengerecht erreicht und vor allem aktiv involviert werden.

Die Informationen zum Recruiting können auch im eigenen Arbeitsalltag eingebaut werden, zum Beispiel indem der Link zur Stelle in die E-Mail-Signatur, das eigene Social-Media-Profil oder in eine Präsentation integriert wird. Sucht ein Recruiter zum Beispiel einen Vertriebschef und spricht auf einer Konferenz zufällig auch vor Vertriebsleuten, kann es eine Idee sein, einen charmanten Hinweis in die Präsentation einzubauen, damit die relevante Zielgruppe die Stelleninformationen erhält. Man kann sich aber auch die neuen Medien zu Nutze machen und zum Beispiel ein Video über die zu besetzende Stelle drehen und streuen. Der Kreativität sind hierbei keine Grenzen gesetzt.

In allen Kanälen der passiven Ansprache geht es aber tatsächlich primär um die Streuung der Information mit der Erwartung, dass die relevanten Kandidaten erreicht werden und sich bewerben. In der passiven Ansprache gibt es daher immer zwei Fragen zu berücksichtigen:

- Wie streue ich die Informationen möglichst öffentlichkeitswirksam und breit, um möglichst viele Kandidaten zu erreichen?
- Wie gestalte ich die Inhalte, um trotz breiter Streuung eine passende Vorselektion zu erreichen und interessant genug für eine Bewerbung zu sein?

5.6 Aktive Ansprache: Warum Stellenanzeigen allein nicht mehr ausreichen

Mit dem Zuspitzen des „War for Talent“ ändern sich automatisch auch die Regeln im Kampf um die besten Kandidaten. Nur das Unternehmen, das die relevanten Köpfe als Erstes erreicht und zu einer Bewerbung bewegen kann, hat auch die Chance, die Besten einzustellen. Vor einigen Jahren hat es noch ausgereicht, dafür eine hervorragende, durch Personalmarketingmaßnahmen stark positiv aufgeladene Marke zu haben und das Personalmarketingbudget entschied weitestgehend über den Recruiting-Erfolg. Große Unternehmen mit großen Budgets hatten die Asse im Ärmel. Mit fortschreitender demographischer Veränderung und gleichzeitiger Entwicklung der sozialen Medien, die es ermöglichen, Kandidaten sehr zeit- und kosteneffizient zu erreichen, hat sich diese Situation maßgeblich verändert.

Mittlerweile werden gut ausgebildete Mitarbeiter von Unternehmen regelrecht umworben und können es sich bei entsprechender Spezialisierung fast aussuchen, wo sie arbeiten. Sie genießen häufig die Situation und lassen sich gerne umgarnen und testen dabei ihren Marktwert. Eine einfache Stellenanzeige, sei sie auch noch so gut geschrieben, reicht dann alleine nicht mehr aus, denn beim passiven Recruiting werden latent suchende Kandidaten, also Kandidaten die aktuell nicht aktiv suchen, aber gegebenenfalls wechselwillig wären, vernachlässigt – eine Zielgruppenbeschränkung, die man sich heutzutage kaum mehr leisten kann.

Lediglich die ganz großen Unternehmen und regional sehr starken Unternehmen verzeichnen aufgrund ihrer Markenstärke weiterhin konstant hohe Bewerbungseingänge, beklagen aber in Gesprächen und Diskussionen dennoch häufig die Bewerberqualität, was unserer Meinung nach kein ausschließliches Ergebnis der Bildungspolitik ist, sondern eben auch dadurch entsteht, dass besonders agile Unternehmen die besten Kandidaten eben schon über andere Kanäle erreicht, angesprochen und abgeworben haben. In Folge bewerben sich dann diejenigen, die entweder sehr markentreu sind oder nicht bereits im Vorfeld abgeworben wurden. Aus diesem Grund sollte jedes Unternehmen schnellstmöglich die aktive Ansprache mit in den Prozess der Bewerbersuche aufnehmen. Die Anpassung, welche die Situation erfordern würde, beobachten wir in vielen Recruiting-Abteilungen dennoch nicht, weil sich Unternehmen mit konstant hohen Bewerbungszahlen in Sicherheit wiegen und den Handlungsbedarf eher in Richtung Bildungspolitik schieben – aus unserer Sicht eine Fehlinterpretation der Symptome, die schwerwiegende Folgen haben kann.

Bei der aktiven Ansprache handelt es sich – wie der Name schon sagt – um die direkte Ansprache relevanter Bewerber. Der Ansprache müssen daher die Definition und die Identifikation der relevanten Kandidatenprofile vorausgehen. Während Start-ups schon seit langem dazu übergegangen sind, soziale Netzwerke (NICHT soziale Medien) für die aktive Ansprache einzusetzen und über diesen Weg sehr erfolgreich und kosteneffizient rekrutieren, beschäftigen sich weniger agile Unternehmen noch mit den Regelungen zur Gestaltung eines Online-Profils in sozialen Netzwerken und verlieren dabei wertvolle Zeit. Aus Unsicherheit in Bezug auf die neuen Medien bleiben sie häufig auf das passive Recruiting beschränkt und wundern sich über sinkende Bewerberzahlen oder die schlechter werdende Qualität der Bewerbungen. Dies trifft den Mittelstand häufig besonders hart, da die größten Unternehmen in Deutschland diesen Trend zumindest bereits erkannt haben und beginnen zu reagieren: So besetzten laut den Ergebnissen einer Studie der Uni Bamberg die 1000 größten Unternehmen Deutschlands bereits 14,2 % ihrer Stellen durch aktives Recruiting. Im Vergleich wurden in diesen Unternehmen 2013 noch 36,2 % aller Einstellungen über Ausschreibungen und 43,1 % über die Unternehmens-Webseite generiert (vgl. [4]).

Erschwerend hinzu kommt, dass aktives Recruiting wiederum die Anforderungen an die Recruiter selbst verändert hat, die diese häufig laut Eigenbewertung noch ungenügend erfüllen: So gaben sich die meisten Personalverantwortlichen der Studie deutlich schlechtere Noten hinsichtlich des „Active Sourcing" und der Verwendung der neuen Kanäle als beispielsweise zur Kommunikation mit den Fachabteilungen oder der Durchführung von Bewerbungsgesprächen (vgl. [4]).

Agilität und das Beherrschen der neuen Medien werden damit zum echten Wettbewerbsvorsprung: Gerade Mitarbeiter in Start-ups, in der Regel „Digital Natives", gehen intuitiv mit diesen Medien um, setzen sie mit maximaler Effizienz ein und kommunizieren authentisch und ohne großen Aufwand mit den richtigen Kandidaten. Dadurch haben auch kleine Unternehmen nunmehr die Möglichkeit, an den Großen vorbeizuziehen und sich als wettbewerbsfähig im Kampf um Talente zu zeigen. Ein nie dagewesenes Szenario, in dem wie beschrieben nicht mehr allein das Personalmarketingbudget entscheidet – was sich vor allem Start-ups bereits zunutze machen.

Wie sich in unserer Beobachtung herausstellt, sind genau diese Eigenschaften, nämlich Geschwindigkeit und Effizienz durch optimale Medienbeherrschung, wesentliche Erfolgsfaktoren im modernen Recruiting.

5.7 Kanäle der aktiven Ansprache: Warum Netzwerke Gold wert sind

Sehr vereinfachend kann grundsätzlich zwischen der persönlichen Ansprache, der telefonischen Ansprache und der Ansprache über soziale Netzwerke unterschieden werden. Die persönliche Ansprache ist nur sehr begrenzt möglich, da dies in der Regel kein skalierbarer beziehungsweise ein nicht sehr effizienter Weg der Ansprache ist. Wurde jedoch ein relevanter Kandidat identifiziert, und es ist bekannt, dass er sich beispielsweise auf einer bestimmten Veranstaltung aufhält, an der der Recruiter oder Manager ebenfalls teilnimmt, sollte diese Gelegenheit zur direkten Ansprache beim Schopf ergriffen werden.

Die telefonische Ansprache war lange der Weg, den insbesondere die klassischen Headhunter der alten Garde genutzt haben, um relevante Kandidaten zu einem ersten Gespräch zu bewegen. Über sogenannte „Cover Stories" telefonierten sie sich an der Zentrale vorbei zu den relevanten Kandidaten und gewannen sie nach mehreren Gesprächen für eine Bewerbung. Im digitalen Zeitalter und gerade für Start-ups hat diese Art der Ansprache stark an Bedeutung verloren. Sie wird zwar nach wie vor noch von Personalberatungen im Rahmen von Executive Searches genutzt, setzt allerdings auch etwas Übung und Praxis voraus. Was sich anbietet, sind telefonische Follow-ups zu den zuvor versendeten Anfragen an absolute Wunschkandidaten. Erfahrungsgemäß erhöhen diese maßgeblich die Konvertierung von Ansprachen, die über die sozialen Netzwerke erfolgt sind.

Die wohl interessantesten, da effizientesten Ansprache-Kanäle für Unternehmen sind die sozialen Netzwerke für Beruf und Karriere, die – wie der Name es schon sagt – in erster Linie Netzwerke abbilden. Im Gegensatz zu Social-Media-Plattformen, bei denen die mediale Funktion im Vordergrund steht, ist die Kernfunktion der Netzwerke nicht (auch wenn es abbildbar ist), Informationen über das Medium zu transportieren, sondern die Abbildung des eigenen Netzwerkes und die Kommunikation zu Netzwerkkontakten. Xing und LinkedIn sind die in Deutschland wichtigsten sozialen Netzwerke, die sich in der Ansprache nutzen lassen. Xing eignet sich dabei eher für nationale, LinkedIn für internationale Suchen, wobei LinkedIn insgesamt deutlich höhere Wachstumsraten verzeichnet und sich auch vor dem Hintergrund des immer internationaler werdenden Recruitings längerfristig in unserer Wahrnehmung zum relevanteren Kanal entwickeln wird. Ein Xing- und LinkedIn-Profil und das Erlernen der Ansprache via Xing und LinkedIn gehören heutzutage zum Basishandwerk im Recruiting.

Kanäle wie Youtube, Facebook, Flickr lassen sich nicht oder nur sehr begrenzt für die direkte Ansprache einsetzen, weil ihr Schwerpunkt nicht im Abbilden der Netzwerke, sondern in der Übertragung von Informationen liegt. Lediglich bei der Identifikation interessanter Kontakte können sie helfen. Auch Facebook zählen wir – trotz der starken Netzwerkfunktionalität – entlang dieser Definition zu den Social-Media-Plattformen, die sich nur sehr begrenzt in der Direktansprache einsetzen lassen, da die Mitglieder Facebook weitestgehend privat für den Konsum und die Publikation von Medieninhalten nutzen und daher eine persönliche Ansprache via Nachricht über diesen eher privaten Kanal auch nicht selten ablehnen.

Der Nutzen großer Netzwerke

Netzwerkorientiertes Denken ist in unserem Zeitalter durch die globale und digitale Vernetzung selbstverständlich geworden, da die Informationsflut zunehmende Spezialisierung und damit Kooperation innerhalb eines Netzwerks erforderlich macht. Die Generation Y, die sehr beziehungsorientiert agiert, ist mit diesem Netzwerkgedanken aufgewachsen und nutzt auch soziale Netzwerke sehr intuitiv. Fragezeichen bleiben lediglich im Umgang mit kaum bekannten Kontakten oder Kontaktanfragen über Xing und LinkedIn von Unbekannten.

Gerade für Mitarbeiter im Recruiting lohnt sich aber genau solch ein „loses" Netzwerk mit zahlreichen Kontakten, zu denen nur schwache Bindungen bestehen: So zeigen Mark Granovetters Studien zu sozialen Netzwerken auf, dass innerhalb eines Netzwerkes, in dem die Mitglieder untereinander über starke Verbindungen verknüpft sind, grundsätzlich ähnliche Informationen fließen. Neue Informationen erreichen das Netzwerk nur über Brücken zu anderen Netzwerken. Diese Brücken sind aber eben nur über schwache Verbindungen miteinander verbunden. Vor dem Hintergrund der Informationsverbreitung erhalten diese losen Verbindungen damit eine besondere Bedeutung, da über diese die Informationen in andere Netzwerke einfließen können (vgl. [3]). Diese Erkenntnis nannte Granovetter „The Strength of Weak Ties" – eine Erkenntnis, die sich jeder Recruiter heute dank der virtuellen sozialen Netzwerke zu Nutze machen sollte, um Informationen optimal zu verbreiten.

Nur so bietet sich die Gelegenheit, neue Talente zu erreichen, die im Netzwerk noch nicht bekannt sind. Gerade in einer so dicht verknüpften Szene wie der Start-up-Welt, die auf neue Talente angewiesen ist, ist dies hilfreich, um neue Netzwerke anzuzapfen. Es gilt also Xing und LinkedIn auch als Informationsnetzwerke zu nutzen und Kontaktanfragen, falls es keine offensichtlichen Gründe gibt sie abzulehnen, bestenfalls immer anzunehmen. So wird der lose Anschluss an möglichst viele fremde Netzwerke ermöglicht und eine erhöhte Streuung von Informationen gewährleistet.

5.8 Regeln der Ansprache: Warum Individualität und das Gesetz der großen Zahlen gilt

Für die direkte Ansprache gelten im Grunde genommen die gleichen Regeln, die HR-Verantwortliche gerne an Bewerber weitergeben: „Wenn Sie sich mit uns in Verbindung setzen, zeigen Sie uns, dass es Ihnen wichtig ist, bei uns zu arbeiten und verdeutlichen Sie uns, warum wir gerade mit Ihnen arbeiten sollten." Nullachtfünfzehn-Bewerbungen sollten entsprechend am besten gar nicht versendet werden.

Ähnliches gilt umgekehrt für die Ansprache von Kandidaten auf einem Markt, den die Kandidaten regieren. Sie erwarten, und sollten dies auch erwarten dürfen, dass sich der Recruiter ordentlich mit ihrem Profil auseinandergesetzt hat und ausreichend geprüft hat, ob der Kandidat überhaupt in Frage kommt. Ein ausreichendes Maß an Informationen und Individualität ermöglicht hier den Vertrauens- und Interessenaufbau.

Wer echtes Interesse bei einem Kandidaten wecken will, sollte eine persönliche Form der Ansprache wählen. Dabei ist es wichtig, sich zum einen mit der notwendigen Empathie auf das Gegenüber einzustellen, zum anderen dabei aber authentisch zu bleiben – Titel, Stationen und Foto des Kandidaten liefern hierfür die nötigen Hinweise. Erfahrene Mitarbeiter im kaufmännischen Bereich wird man beispielsweise eher mit „Sie" und etwas formaler anreden, Mitarbeiter im Marketing eines Start-ups eher mit „Du" kontaktieren und einen lockeren Stil wählen.

Vor dem Hintergrund der persönlichen Ansprache sollten Recruiter auch niemals mehrere Personen in einem Unternehmen gleichzeitig ansprechen, da Kollegen in der Regel miteinander reden, bis zu einem bestimmten Grad eben auch über die Anfragen, die sie erhalten haben. Stellt sich in diesem Zusammenhang heraus, dass man gar nicht kontaktiert wurde, weil man gut passt, sondern einfach eine ganze Abteilung angesprochen wurde, sind in der Regel alle Kontakte dieses Bereichs verloren. Dies gilt insbesondere für Positionen auf den unteren Ebenen. Sobald es um Fach- und Führungskräfte beziehungsweise Spezialisten geht, wird es ohnehin weitaus selektiver, da pro Unternehmen maximal ein bis zwei relevante Kandidaten arbeiten.

Darüber hinaus sollte man sich auch inhaltlich auf den Kandidaten einstellen. Nichts ist schädlicher für den Ruf des ansprechenden Unternehmens und die Konvertierung, als ein Kandidat, der erkennt, dass es sich um eine generische Anfrage handelt, die zigmal mit ein und demselben Text versendet wurde. Da der Kandidat auf solch eine Anfrage des Unternehmens sehr wahrscheinlich nicht reagieren wird, können sich Recruiter solche undifferenzierten Ansprachen direkt sparen. Sie zeigen einfach nicht die Wertschätzung, die Kandidaten heute im Recruitingprozess erwarten.

Im Anspracheprozess gilt allerdings trotzdem das Gesetz der großen Zahlen. Je mehr Kandidaten angesprochen werden und sich damit im Prozess befinden, umso wahrscheinlicher wird die Besetzung der Position mit einem exzellenten Kandidaten. Um eine zügige und exzellente Besetzung sicherzustellen, sollte also eine ausreichende Menge an als passend identifizierten Kandidaten in den Prozess aufgenommen werden. Dies bedeutet, je nach Stelle, bis zu 100 Kandidaten oder auch mehr. Da dies wie beschrieben aber sehr persönlich und auf jedes Profil ausgerichtet erfolgen sollte, bedeutet dieser Anspracheprozess einen enormen Zeitaufwand.

Genau aus diesem Grund entstehen auch die Überlegungen, Positionen an externe Dienstleister abzugeben, die diesen sehr aufwändigen Prozess übernehmen und durch ihre Spezialisierung häufig auch besser steuern können. In der Regel haben diese ihre Methodik auf hohe Konvertierungszahlen und eine exzellente Auswahl hin optimiert (vgl. Kap. 4).

Zusammenfassung: Stellenkommunikation und Bewerbersuche

- Im Zuge der Digitalisierung hat sich das Informationsverhalten im Bewerbungsprozess verändert. Es reicht nicht mehr aus, Kandidaten zu informieren. Sie müssen sie künftig in einem mehrstufigen Prozess vor allem auch überzeugen, sich zu bewerben.
- Achten Sie bei der Gestaltung der Inhalte auf eine hohe Eigenselektionskraft der Aussagen
- Bevor Sie extern rekrutieren, über prüfen Sie immer, ob Sie alle internen Kandidaten geprüft haben: Interne Entwicklung steht vor externer Rekrutierung.
- Prüfen Sie in dem Zusammenhang auch die Möglichkeiten eines Talentpools: Ein von Anfang an aufgebauter Pool geeigneter Kandidaten, den es im Rahmen des Talent Managements zu pflegen gilt, kann in der Bedarfssituation bei einer sehr schnellen und kosteneffizienten Besetzung helfen.
- Bewerber erwarten heute leichten Zugang zu Informationen beziehungsweise wünschen sie sich, dass relevante Informationen sie erreichen – um eine Stelle bekannt zu machen, braucht es heutzutage aktive Verteilung statt passiver Veröffentlichung
- Je nach definierter Zielgruppe eigenen sich unterschiedliche Kanäle, um die anvisierten Bewerber zu erreichen sowie auch unterschiedliche Inhalte zu kommunizieren. Der Knackpunkt der erfolgreichen Kommunikation ist der richtige Medienmix für die jeweilige Zielgruppe.
- Hohe Bewerberzahlen sind per se kein Grund, sich in Sicherheit zu wiegen: Wenn es nicht die Richtigen sind, die sich bewerben, haben Sie ein Recruiting-Problem.
- Im „War for Talent" reicht es nicht mehr aus, sich auf das passive Recruiting zu beschränken: Wer Top-Talente sucht, muss sie dort ansprechen, wo sie sich aufhalten, auch wenn sie aktuell nicht suchen. Wer auf Bewerber im Posteingang wartet, nimmt die verbleibende „Auslese" in Kauf.
- Die aktive Ansprache von Kandidaten erfordert hohen Ressourceneinsatz, da sehr viele Bewerber sehr persönlich und individuell angesprochen werden müssen.
- Xing und LinkedIn sind in diesem Zusammenhang bedeutend, weil über diese Kanäle Kandidaten direkt erreicht und auch Informationen breiter gestreut werden können.

- Informationen diffundieren über Netzwerke – sie werden zum zentralen Element im Recruiting. Zahlreiche, auch schwache Kontakte werden hierfür besonders wichtig. Der Recruiter wird zum Netzwerkmanager.

Weiterführende Literatur

1. Adler L (2007) Hire with your head: using performance-based hiring to build great teams, Aufl. 3. Wiley, Hoboken
2. Fedossov A, Kirchner J (2009) Online-Personalsuche: Praxishandbuch für aktive Personalbeschaffung im Internet, Aufl. 1. Books on Demand, Norderstedt
3. Granovetter M (1995) Getting a job: a study of contacts and careers, Aufl Revised. Univ of Chicago Pr, Chicago
4. Weitzel T et al (2014) Centre of human resources information systems: recruiting trends 2014 Eine empirische Untersuchung mit den Top-1.000-Unternehmen aus Deutschland sowie den Top-300-Unternehmen aus den Branchen Health Care, IT und Maschinenbau. Ort oder Verlag?

Bewerber-Konvertierung 6

Zusammenfassung

In Zeiten des „War for Talent" reicht es nicht mehr aus, einen Bewerber lediglich zu erreichen und ihm Stelleninformationen zukommen zu lassen – obschon auch schon dieser Schritt zur Herausforderung werden kann. Es geht vor allem auch darum, ihn von einer Bewerbung zu überzeugen, nachdem sein grundsätzliches Interesse für die Stelle geweckt wurde, indem zusätzliche Informationen über das Arbeiten im Unternehmen zur Verfügung gestellt werden und eine Arbeitgebermarke auf gebaut wird, deren Botschaften auch einer Überprüfung standhalten. Vor diesem Hintergrund steigt die Bedeutung des ganzheitlichen Employer Brandings stetig. Dabei zählen vor allem Informationen, die dem Bewerber einen Einblick in das Unternehmen geben und es mit Blick auf die Atmosphäre und zu erwartenden Beziehungen erlebbar machen. Nur wenn auf Basis dieser Informationen ein hohes Interesse an einer Mitarbeit besteht und das Feedback ehemaliger und aktueller Mitarbeiter die Eindrücke bestätigen, wird sich ein Kandidat überhaupt für eine Bewerbung entscheiden. Damit steigen die Anforderungen im Recruitingprozess immens.

6.1 Unternehmensinformation: Warum Vision und Werte den Unterschied machen

Gehen wir davon aus, dass potentielle Kandidaten über die aktive und passive Ansprache von der Position erfahren haben, folgt die zweite Phase der Information: die Ergänzung der bisher erhaltenen Informationen (Abb. 6.1).

In diesem Schritt werden die Informationen, die der potentielle Bewerber über das Stellendossier beziehungsweise die Stellenausschreibung erhalten hat, ergänzt und in einen

C. Buchheim, M. Weiner, *HR-Basics für Start-ups*, DOI 10.1007/978-3-658-03893-9_6

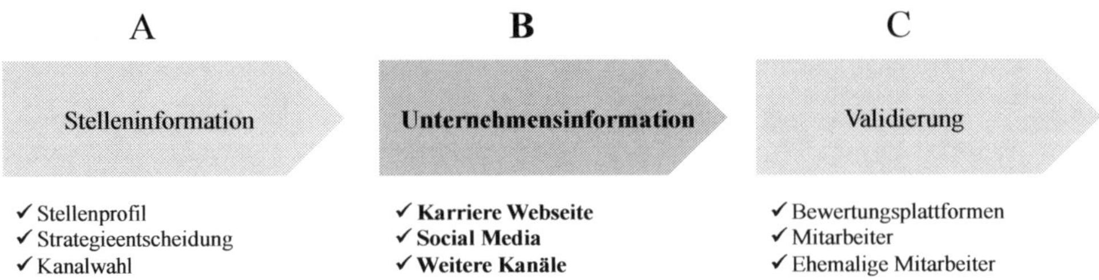

Abb. 6.1 Unternehmensinformation

Gesamtkontext eingebettet, um die Option besser bewerten zu können. Da im ersten Schritt fast ausschließlich Informationen zur Stelle, also Fachliches, vermittelt wurden, geht es nun darum, ein Gefühl für das Unternehmen zu bekommen, um entscheiden zu können, ob man zum Unternehmen passt und damit die Stelle überhaupt annehmen möchte.

Wie prüfen Talente, ob ein Unternehmen für sie als Arbeitgeber infrage kommt? Zu Beginn einer Zusammenarbeit ist es für Außenstehende schwer einzuschätzen, ob Interessen deckungsgleich sind. Daher werden vor allem die Unternehmensvision und auch die Kultur besonders wichtig und im Informationsprozess sehr genau unter die Lupe genommen. Die Unternehmensvision liefert dabei eine Hilfestellung für die Einschätzung der Deckungsgleichheit der Interessen und für die Beantwortung der Frage, warum es sinnvoll ist, die nächste (Lebens-) Zeit genau in diesem Unternehmen zu verbringen. Die gelebte Kultur, die Mitarbeiter und vor allem auch die Führungskräfte lassen wiederum Rückschlüsse darauf zu, ob es auch angenehm und realistisch sein wird, gemeinsam diesen Sinn in die Tat umzusetzen und aus der Erfüllung der gemeinsamen Werte eine Art Genugtuung zu ziehen.

Ein Aspekt, der gerade im digitalen Zeitalter und in Zeiten des „War for Talent“ sehr starke Bedeutung erlangt hat, da diese Zeit geprägt ist durch das Motiv, Lebenszeit sinnvoll, das heißt entlang der eigenen Wertevorstellungen, einzusetzen. Da diese Entscheidung von so enormer Bedeutung ist, wird entsprechend viel Zeit in beziehungsweise Wert auf diesen Informationsschritt gelegt. Entsprechend lohnt es sich, in die Bereitstellung dieser Informationen zu investieren. Auch hier zeigt sich nochmals die Relevanz der im Kap. 2 beschriebenen drei Kreise. Eine Passgenauigkeit ergibt sich, auch für den Kandidaten erst, wenn sowohl die Aufgaben als auch die Rolle und die Kultur des Unternehmens zu Fähigkeiten, Persönlichkeit und Grundüberzeugungen des Kandidaten passen, und genau hierzu erwartet er zusätzliche Informationen auf der Website und den Social-Media-Kanälen des Unternehmens.

Die Kommunikation der Vision und der Werte ist damit der Identifikationsschlüssel, denn sie beantworten die Frage, ob Unternehmen und Mitarbeiter ähnliche Ziele, Überzeugungen und Haltungen mitbringen und definieren damit die Grundlage jeder Zusammenarbeit. Vision und Werte korrespondieren miteinander und sollten aufeinander abgestimmt entwickelt werden. Wenn die Vision wertenah formuliert ist und entsprechend klar kommuniziert wird, werden nur diejenigen Talente angesprochen, die diese Werte ebenfalls teilen und eine hohe Eigenselektion ermöglicht. Viele Kandidaten werden sich demnach direkt gegen eine Bewerbung entscheiden, wenn sie keinen beziehungsweise einen ungenügenden Sinn für sich in der Vision und den Werten des Unternehmens sehen.

Walmart hat zum Beispiel eine sehr klare Vision: „To give ordinary people the opportunity to buy the same things as rich people.“ Hierin spielt der Wert Gerechtigkeit eine große Rolle. Gerade die Bewerber, denen dieser Wert ebenfalls besonders wichtig ist, werden sich zunächst angesprochen fühlen und sich mit höherer Wahrscheinlichkeit bewerben als diejenigen, denen dieser Aspekt weitestgehend egal ist. Glaubwürdigkeit und Authentizität spielen dabei immer eine zentrale Rolle. Wenn sich Bewerber im ersten Schritt durch den Wert Gerechtigkeit angesprochen fühlen und dann bei ihrer Informationsrecherche auf zu viele gegenteilige Informationen stoßen, werden sie sich trotz initiale Interesses nicht für eine Bewerbung entscheiden. Dies bedeutet für die Kommunikation vor allem eins: Authentizität. Wer verspricht, was er nicht halten kann, wird schnell unglaubwürdig und zerstört sich damit die Employer Brand bereits bevor sie überhaupt aufgebaut ist: Liegen Darstellung auf der Karriere-Website und Aussagen von (ehemaligen) Mitarbeitern zu weit auseinander, entscheiden sich potentielle Kandidaten in unserer Beobachtung in der Regel gegen eine Bewerbung und werden, obwohl sie grundsätzlich bereits erreicht wurden, nicht konvertiert (siehe auch Kap. 6.5). Nur wenn externe und interne Kommunikation sowie die Wahrnehmung der Mitarbeiter, Bewerber und Kunden weitestgehend übereinstimmen, kann eine erfolgreiche Positionierung gelingen. Hier zeigt sich auch nochmals der Wert des internen Bewerbermarktes, da Bewerber für eine Stelle, die schon im Unternehmen arbeiten, diese Informationen schon haben und auf Basis dieser Informationen eine sehr klare, risikoärmere Entscheidung treffen können.

Genau an dieser Stelle werden bewusst gesteuerte und authentische Employer-Branding-Aktivitäten beziehungsweise gezielte Personalmarketinginvestitionen wichtig. Die gute Nachricht: Im Gegensatz zu den zahlreichen möglichen Kanälen im Schritt 1 des Informationsprozesses gibt es für diesen Schritt zwei Hauptkanäle, die in unserer Beobachtung besonders relevant sind: Die Unternehmens-Webseite, beziehungsweise die Karriereseite des Unternehmens, sowie die Social-Media-Kanäle, die das Unternehmen über Bilder oder Videos erlebbar machen.

6.2 Unternehmensbotschaften: Warum es wichtig ist, sein Alleinstellungsmerkmal zu kennen

Ziel eines erfolgreichen Recruiting-Prozesses sollte es immer sein, so viele passende Kandidaten wie möglich zu einer Bewerbung zu bewegen und gleichzeitig den Bewerbungsfilter möglichst so zu optimieren, dass Kandidaten, die nicht zum Unternehmen passen, sich gegen eine Bewerbung entscheiden.

Start-ups punkten gerade bei der Generation Y durch die klassischen Alleinstellungsmerkmale wie zum Beispiel flache Hierarchien, zügige Verantwortungsübernahme, hohe Lernkurven oder den direkten Einfluss auf den Unternehmenserfolg. Dies sind die Klassiker, die beinahe jedes Start-up kommunizieren und anbieten kann (und dies auch tut). Damit sind es allerdings ebenfalls Gründe, warum sich Bewerber bereits im Vorfeld für einen Job oder eine Bewerbung in der Start-up-Branche entschieden haben, und sie diese als bereits gesetzt erwarten. Sie helfen daher auch nicht wirklich im Hinblick auf die

Kandidatenselektion. Preist sich ein Start-up lediglich über diese Punkte an, geht es in der Vielzahl der Unternehmen, die diese Botschaften auch kommunizieren, unter und erreicht gar nichts oder – noch schlimmer – das Gegenteil, weil es als oberflächlich und unkreativ wirkt. Wer jetzt denkt, dass dies nicht so schlimm ist, braucht sich nur einmal die Situation vor Augen zu rufen, in der eine offensichtliche Massenbewerbung eines Bewerbers eintrifft, dem offensichtlich egal ist, wo er sich gerade bewirbt. Kommt dieser Bewerber im Bewerbungsprozess bei Ihnen weiter? Ähnlich verhält es sich auch im umgekehrten Fall, denn mittlerweile sind nicht mehr nur Unternehmen in der Lage, im Bewerbungsprozess etwas vom Gegenüber verlangen zu dürfen – der Wettstreit um die besten Talente macht es möglich.

Offensichtliche Gegebenheiten, die jeder vom Unternehmen erwartet, sind von einem Kommunikationsstandpunkt her nicht viel wert. Wer also kommuniziert ohne vorher zu klären, worin ein relevanter Unterschied beziehungsweise Vorteil beim Arbeitgeber besteht, beschränkt sich häufig auf die allgemeinen Floskeln oder stellt Dinge in Aussicht, die sich später am Arbeitsplatz (doch) nicht bewahrheiten. Inhalte, nicht Floskeln, sind also immer noch wichtig. Der Grundsatz lautet deshalb: „Wissen, was man zu bieten hat und anders sein als die Masse, denn wer nicht auffällt geht unter!" Aber auch: „Liefern, was versprochen wird!" Spannende Inhalte werfen Fragen auf, provozieren oder rufen sofort Abneigung hervor, und das ist gut so: Denn richtig formulierte Botschaften wecken beim Empfänger Emotionen, welche ebenfalls als Bewerbungsfilter fungieren. Gleichzeitig verbreiten sich emotionalisierende Inhalte deutlich stärker, nahezu viral.

Es ist in diesem Zusammenhang auch wichtig, genau zu wissen, wer nicht zur Zielgruppe gehört, das heißt, wen die Kommunikation nicht erreichen soll. Auch darüber lassen sich relevante Inhalte ableiten. Keine Angst vor Hardliner-Aussagen: Je konkreter und spezifischer die Botschaft, desto selektierter und passender wird der Bewerberrücklauf sein. Die Hauptsache ist, die Inhalte sind nach wie vor authentisch und im Einklang mit den Unternehmenswerten.

6.3 Die Karriereseite: Warum sie ein mächtiges Kommunikationsinstrument ist

Der wichtigste Informationskanal für Bewerber auf der Suche nach Unternehmensinformationen ist immer noch die Karriereseite. Sie ist die „landing page" aller Kandidaten, die über eine Bewerbung nachdenken. Gleichzeitig ist es der persönlichste Teil der Gesamtunternehmensseite und liefert damit einen guten Einblick für alle, die sich mit dem Unternehmen auseinandersetzen. Es ist sehr wahrscheinlich, dass sich jeder Interessierte, bevor er in Kontakt tritt, zumindest einmal auf die Team- oder Karriereseite des Unternehmens begibt, um ein Gefühl für die Ansprechpartner zu bekommen. Es lohnt sich also, gleich beim Einrichten einer Website eines Unternehmens diesen Bereich mit aufzusetzen.

Wenn die Karriereseite exzellent gemacht ist, können am Unternehmen interessierte Kandidaten direkt konvertiert werden, wenn sie die Informationen ansprechen und sie gleichzeitig auch die ausgeschriebenen Stellen finden. Auf diese Weise wird die Karriereseite dann gleichermaßen auch natürlich zu einem Kanal der ersten Informationsphase, also der Informationsstreuung. Jede Stelle, die veröffentlicht wird, sollte entsprechend auch auf der eigenen Karriereseite publiziert werden. Dies funktioniert besonders gut für starke Produktmarken. Die Bekanntheit des Unternehmens wirkt sich dann sehr positiv auf den Kommunikationsprozess aus. Je stärker die Marke, umso eher kann und sollte die eigene Website auch als Ausschreibungsplattform genutzt werden. Umgekehrt gilt aber auch, dass Unternehmen mit noch nicht ausgebauter Produktmarke sich noch nicht auf diese Ausschreibung verlassen sollten. Publizieren sollten sie diese aber dennoch auf der Website, da es in unserer Beobachtung für Bewerber wichtig ist, die Stellen, die sie auf einer öffentlichen Plattform gefunden haben, auch auf der Website wiederzufinden. Ansonsten kommt es zu Irritationen, da davon auszugehen ist, dass auf der Website die aktuellsten Stellen vorliegen. Ist eine Stelle in einer Stellenbörse ausgeschrieben, nicht aber auf der Website, wird schnell geschlussfolgert, dass die Stelle schon besetzt wurde und lediglich nicht von der Ausschreibungsplattform genommen wurde – eine Bewerbung bleibt dann aus, obwohl die Stelle noch nicht besetzt wurde.

Um die Konvertierung von Interessierten zu tatsächlichen Bewerbern zu erhöhen, ist es wichtig, über karriererelevante Inhalte auf der Karriereseite zu informieren. Dazu gehören zum Beispiel Aussagen über das Team, die Teamstruktur, die Arbeitsatmosphäre, die Entwicklungsmöglichkeiten, aber auch Aussagen darüber, was der Kandidat vom Arbeitgeber erwarten darf. Kurz: Alles, was hilft, das Unternehmen erlebbar und greifbar zu machen, ist relevant und eine Hilfe für die Entscheidungsfindung. Darüber hinaus, ist es für Bewerber insbesondere wichtig, erste Eindrücke zur künftigen Führungskraft zu erhalten, da die Beziehung zum verantwortlichen Manager maßgeblichen Einfluss auf die Arbeit und die Atmosphäre nehmen wird. Führungskräfte rücken damit in den Fokus im Informations- und Bewerbungsprozess. Von der Veranschaulichung der Vision bis hin zum Arbeitsalltag sollte der Kandidat also ein klares Gefühl für das Unternehmen und seine Mitglieder gewinnen.

Grundsätzlich sagen Bilder (sowohl Fotos als auch Bewegtbildinhalte) häufig mehr als Worte, weil sie deutlich mehr Dimensionen transportieren können und damit eine gute Grundlage für eine Entscheidung sind. Außerdem zeigen sie in der Regel ein realistisches Bild dessen, was zu erwarten ist. Nicht-authentische Fotos oder Videos, die eben auch nicht die Realität abbilden, lassen sich auch relativ schnell als diese erkennen. Daher ist die oberste Regel bei der Inhalts-Erstellung: Authentizität. Bilder erhöhen die Einschätzbarkeit, reduzieren Unsicherheit und vergrößern dadurch die Wahrscheinlichkeit, dass sich ein Kandidat bewirbt oder zumindest in Kontakt tritt. Es gilt also: Je persönlicher die Karriere-Website gestaltet ist und umso mehr authentische Einblicke sie gewährt, umso höher ist die Wahrscheinlichkeit, dass sich interessierte Kandidaten auch bewerben. Das Spieleunternehmen Wooga hat diesen Effekt sogar gemessen: Nachdem Bilder des Teams auf die Karriereseite geladen wurden, ist die Anzahl der Bewerber laut eigenen Aussagen um beträchtliche 30 % gestiegen. Auch wenn die Erstellung von Fotos und Videos zeitintensiver ist, so lohnt sich diese Investition, wie das Beispiel von Wooga zeigt.

Dabei muss die Produktion eines Videos nicht Unsummen kosten. Gerade für Start-ups eignet sich die Eigenerstellung, insbesondere wenn das Video für den Karrierebereich und nicht für die Produktvermarktung geplant ist, da keine Hochglanzvideos von Nöten sind, um Authentizität zu transportieren: Ein ordentliches Stativ und eine Kamera, welche eine hochauflösende Bildqualität bietet, reicht für ein Video häufig aus. Es muss eben zum Produkt oder zur Dienstleistung sowie zum Team passen, um authentisch und damit auch ansprechend zu wirken. Bilder erreichen die Zielgruppe häufig stärker als Texte, da sie visuelle und emotionale Reize setzen. Gerade für Start-ups sind Videos daher ein effizienter Kanal für die Arbeitgeberkommunikation.

Videos

Ein klassisches Beispiel für ein authentisches Low-Budget-Video ist zum Beispiel das mit der Handycam wackelig gefilmte Spreadshirt – Video aus dem Jahr 2006, das über 39.000 Klicks sammelte. Vgl.: http://bit.ly/TA1mmi

Auch US-Unternehmen wie Twitter (http://bit.ly/1oNi7nD) und Google (http://bit.ly/1pvH7B6) setzen auf authentische und relativ einfache Videoproduktionen.

Um auf die von Person zu Person unterschiedliche Mediennutzung einzugehen, sollte die Homepage auch mobil abrufbar sein, denn die mobile Informationssuche gewinnt stetig an Bedeutung: Laut einer Studie der Universität Bamberg nutzten bereits 2012 ein Viertel aller Bewerber mobile Endgeräte auf der Suche nach Vakanzen und Arbeitgeberinformationen im Internet und über 45 % wünschten sich ein entsprechendes Angebot auf Unternehmensseite (vgl. [4]). Spannenderweise wird die Bedeutung der mobilen Nutzung bis heute zumindest von den 160 Unternehmen aus DAX, MDAX, TecDAX und SDAX, laut der Studie „Mobile Recruiting 2014" noch weitestgehend unterschätzt, beziehungsweise reagieren Unternehmen nur langsam auf den Wandel: Nur knapp 22 % der Unternehmen bieten Ihren Kandidaten eine mobil optimierte Karriere-Webseite an (vgl. [7]), obwohl der Wunsch danach kaum mehr zu überhören ist.

6.4 Social Media: Warum es auf den richtigen Umgang ankommt

Der zweite wichtige Kommunikationskanal für Unternehmensinformationen sind die sozialen Medien, wie Facebook, Twitter, YouTube und Co., die immer wieder für ihre kostengünstige Reichweitenstärke gelobt und im Personalwesen häufig als Allheilmittel ausgerufen werden. Wie bereits erörtert, sollte im Recruiting-Kontext zwischen sozialen Netzwerken und sozialen Medien unterschieden werden, denn es kommt hier vor allem auf die zielorientierte Verwendung der unterschiedlichen Kanäle an, mit denen auch kandidatenseitig unterschiedliche Erwartungen verknüpft sind. Grob lässt sich hier folgende Regel aus den Beobachtungen ableiten: Ansprachen und Jobvorschläge werden bei Xing und LinkedIn erwartet. Auf Facebook, Twitter und Co. werden dagegen relevante Inhalte, also Fotos, Videos, Artikel, Kommentare oder Berichte über das Team und das Unternehmen erwartet.

Wenn ein Kandidat nun zum Beispiel, nachdem er eine interessante Ausschreibung gesehen hat, auf die Facebook-Seite eines Unternehmens geht, um ein Gefühl für die Arbeit im Unternehmen zu bekommen, auf der Facebook-Seite aber eben auch nur wiederum Jobausschreibungen veröffentlicht wurden, fehlt ein relevanter Teil derjenigen Informationen, die für eine Entscheidung zur Bewerbung den Ausschlag geben würden.

Social Media – Kanäle sind also vor allem für die Kommunikation über die Karriere-Webseite hinaus relevant und im Gegensatz zur Website schnell und leicht aktualisierbar. Hier finden sich daher bestenfalls die aktuellsten Informationen, die sich auf der Karriereseite nur schwer abbilden lassen. Die unterschiedlichen Social Media – Kanäle lassen das Unternehmen durch eine Vielzahl an Medienformaten erlebbar werden und sind durch ihre Kostenstruktur und Nutzerzahlen besonders effizient. Eine Facebook-Seite sollte jedes Unternehmen nutzen, da über diese alle weiteren Informationsformate integriert werden können und dabei eine zentrale Zeitachse aller anderen verwendeten Medien, wie beispielsweise YouTube, Instagram und Co., erstellt wird, die dem Kandidaten zusätzlich als Informationsquelle dienen kann. Eine Unternehmensseite auf Facebook ist nach unserer Bewertung im Recruiting alternativlos, da sowohl die einfache Handhabung als auch die Funktionalität und Viralität ein ausgezeichnetes Kosten-Nutzen-Ergebnis produzieren.

Wieviele Kanäle darüber hinaus abgedeckt werden, ist immer auch eine Ressourcenentscheidung, da dieser Kanal um zahlreiche weitere erweitert werden kann. Relevante Reichweite haben in jedem Falle auch Twitter, Pinterest und YouTube, die sich ebenfalls als Kanäle lohnen. Priorität hätte es gegenüber Facebook jedoch im ersten Schritt (noch) nicht. Es gilt die Regel: Weniger ist mehr, da auf diesen Kanälen eben individuelle, aussagekräftige und authentische Inhalte erwartet werden und starke Inhalte natürlich auch mehr Ressourcenaufwand bedeuten - und diese sind im Start-up bekanntlich stark begrenzt.

Möglich ist auch die Kommunikation der Arbeitskultur über emotionale Bilder auf Instagram, Pinterest, Flickr und Co. Das Start-up SomewhereHQ hat sich beispielsweise sogar ganz dem Ziel verschrieben, Bewerber und Arbeitgeber hinsichtlich des „Cultural Fit" zusammenzubringen. Auf der Plattform können Arbeitgeber Bilder zu ihrem Arbeitsalltag und offene Jobs veröffentlichen und direkt mit interessierten Bewerbern in Kontakt treten. Doch hier ist ebenfalls, wie auf allen anderen Kanälen Vorsicht geboten, denn nur wer auch wirklich innerhalb des Unternehmens lebt, was er online an Bildern und Arbeitgebervorteilen präsentiert, wird auch nachhaltig ein positives Arbeitgeberimage und damit das Interesse an einer Mitarbeit im Unternehmen aufbauen können.

6.5 Gegencheck der Informationen durch den Bewerber: Warum nur Glaubwürdigkeit Erfolg verschafft

Nachdem der potentielle Bewerber von der Stelle erfahren hat und sich über die Webseite und Social Media – Kanäle zusätzlich informiert hat, ist es sehr wahrscheinlich, dass er im letzten Schritt vor einer möglichen Bewerbung versucht, die erhaltenen Informationen zu verifizieren, indem er Aussagen außerhalb des bewusst gesteuerten Personalmarketings

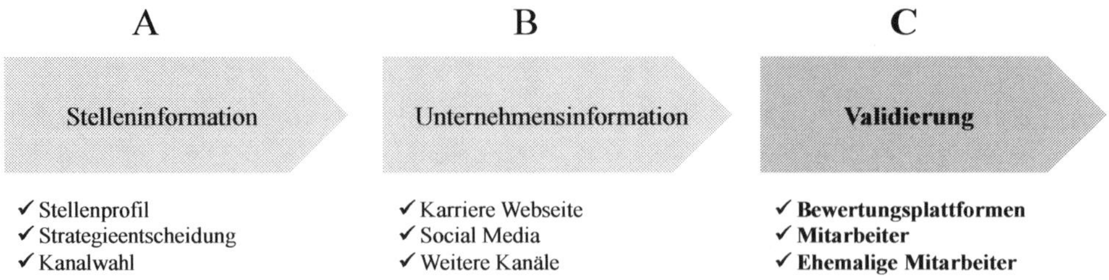

Abb. 6.2 Validierung

einholt und bewertet (Abb. 6.2). Dies ist heutzutage bereits sehr gut über Arbeitgeberbewertungsportale wie beispielsweise Kununu.de abdeckbar. Zum anderen wird immer häufiger auch der direkte Dialog mit aktuellen oder ehemaligen Mitarbeitern des Unternehmens gesucht.

Versprechen, die nicht gehalten werden können, kommen damit auch immer schneller an die Öffentlichkeit. Hier gilt: man kann nicht nicht branden! Unabhängig davon, ob Unternehmen in Kommunikationsmaßnahmen beziehungsweise in Personalmarketing investieren oder nicht, bewegen sich zu jedem Zeitpunkt Informationen über das Unternehmen beziehungsweise die Arbeit im Unternehmen im Markt; entweder medial gespeichert oder auch im direkten Austausch zwischen Mitarbeitern und Interessierten. Diese Informationen kann das Unternehmen nur indirekt beeinflussen: Zum einen über eine Beobachtung der Portale und die kontinuierliche Optimierung durch dieses Feedback und zum anderen über eine authentische, mitarbeiterorientierte Unternehmensphilosophie, die nicht nur für den Schein und Augenblick kommuniziert wird, um Bewerber anzuziehen, sondern die auch tatsächlich gelebt wird und das Wohl des Mitarbeiters ins Zentrum rückt. Das bedeutet vor allem, den Mitarbeiter zu jedem Zeitpunkt auf Augenhöhe zu behandeln. Die Employer Brand setzt sich aus genau diesen Komponenten zusammen und befindet sich in ständiger Entwicklung, da jede einzelne Maßnahme in der Regel einen neuen Informationsfluss auslöst und wiederum Einfluss auf die Marke nimmt. Für Unternehmen bedeutet dies jedoch keineswegs, dass sie diesen Teil der Arbeitgebermarke nicht auch beeinflussen können – ganz im Gegenteil: Sie sollten gerade diesen Teil der informellen Informationen nutzen lernen, um sich ständig zu verbessern.

Auf Arbeitgeberbewertungsportalen können sowohl Bewerber als auch Mitarbeiter das Unternehmen in Bezug auf unterschiedliche Faktoren bewerten. So sind zum Beispiel Bewertungen zu über 168.000 Arbeitgebern (Stand 06/2014) von Bewerbern und (ehemaligen) Mitarbeitern auf der Plattform Kununu (http://www.kununu.com/) zu finden. Auch auf JOBvoting können Arbeitgeber bewertet werden, auf der Seite BizzWatch kann der Chef direkt zusätzlich mitbewertet werden. Dies sind nur wenige Beispiele für die Fülle an Feedback-Möglichkeiten im Netz. Daher ist es eben auch besonders wichtig, dass die Kommunikation immer hält, was sie verspricht.

Die Bewertung auf diesen Portalen dürfte immer etwas schlechter ausfallen, als die tatsächliche realistische Bewertung, da negative Erlebnisse beziehungsweise Enttäuschungen viel stärker öffentlich verarbeitet werden als positive Erlebnisse (vgl. [10], S. 50). Es

Abb. 6.3 Kununu

ist daher davon auszugehen, dass mehr enttäuschte Bewerber und Mitarbeiter ihre Meinung schriftlich im Netz kundtun, als es die zufriedenen oder begeisterten Mitarbeiter tun, und sich der Gesamteindruck damit generell schlechter darstellt, als er gegebenenfalls ist.

Gerade vor diesem Hintergrund sollten die Portale nicht unbeobachtet gelassen werden: Sie sollten aktiv gemanagt werden, was jedoch nicht bedeutet, die Bewertung zu beeinflussen, geht es doch um Authentizität. Vielmehr geht es darum, Mitarbeiter und Bewerber, die sich in Gesprächen sehr positiv äußern, zu bitten, auch eine Bewertung auf dem Portal abzugeben, um so auch Positivmeinungen zu integrieren.

Darüber hinaus sollten das Feedback und die Äußerungen sehr aufmerksam verfolgt werden und als Chance zur Verbesserung angenommen werden. Zudem sollte der Dialog mit den Feedback-Gebern bestenfalls gesucht werden: Einige Portale bieten Kommentarfunktionen, so dass eine Reaktion, Entschuldigung oder auch Stellungnahme formuliert werden kann, was nach unserer Erfahrung sehr positiv bewertet wird. Eine souveräne und erwachsene Reaktion signalisiert, dass das Feedback ernst genommen wird und lässt gleichzeitig Rückschlüsse auf die Kultur und den Umgang mit Feedback zu.

Da ein aktives Management des Unternehmensprofils auf dem Bewertungsportal ebenfalls Ressourcen benötigt, gilt auch in diesem Fall wieder: Weniger ist mehr. Suchen Sie sich das Portal mit den meisten bestehenden Bewertungen über ihr Unternehmen und der stärksten Reichweite und beginnen Sie es aktiv zu managen, indem Sie Bewerber und Mitarbeiter bitten, Bewertungen abzugeben. Stellen Sie sich dem Feedback, auch wenn es anfangs schwer fällt – die Hinweise helfen in jedem Fall.

Die Zugriffszahlen auf Unternehmensprofile, die auf den meisten Portalen einsehbar sind, machen eindrucksvoll deutlich wie stark diese Portale mittlerweile zur Informationsverifizierung genutzt werden. Allein das i-potentials-Profil bei Kununu hatte innerhalb von 4.5 Jahren circa 24.000 Zugriffe, mittlerweile sind 200 Zugriffe der Wochendurchschnitt – und das bei nur wenigen Stellen, die wir jährlich im eigenen Unternehmen besetzen (Abb. 6.3).

6.6 Die Macht der Empfehlung: Warum sich echte Mitarbeiterorientierung auszahlt

Bei der Informationsverifizierung sind die Aussagen aktueller und ehemaliger Mitarbeiter für Kandidaten häufig der glaubwürdigste Weg und haben laut Granovetter, der auch die Zusammenhänge zwischen Beziehungen und Jobentscheidungen untersucht hat (vgl. [5]), enormes Gewicht. Gerade wenn die Empfehlung über eine bereits existierende Beziehung erfolgt, entscheidet diese Aussage häufig über eine Zu- oder Absage des Kandidaten, da den eigenen Kontakten vertraut wird, auch unter der Annahme, dass der Kontakt die Beziehung nicht mit einer Fehlaussage belasten würde. Empfehlungen konvertieren daher besonders gut.

(Ehemalige) Mitarbeiter sind dadurch einer der wichtigsten Kanäle, wenn es um den Aspekt der Bewerberüberzeugung geht. Nicht vor dem Hintergrund der Anzahl der Bewerber, die sie erreichen, sondern vor dem Hintergrund des Einflusses, den sie auf Interessierte und damit auf die Bewerbungsentscheidung ausüben können. In Zeiten digitaler sozialer Netzwerke, in denen Beziehungen leicht einsehbar sind und der Austausch sehr einfach möglich ist, wird dies umso ausschlaggebender.

Aus diesem Grund sollte es oberstes Ziel sein, die Bedürfnisse der eigenen Mitarbeiter zu hören und auf sie einzugehen, ja sogar dort, wo es sinnvoll ist, sie überzuerfüllen, weil jeder begeisterte Mitarbeiter über positive Referenzen dafür sorgen wird, dass sich mehr Kandidaten für eine Bewerbung entscheiden (siehe Kap. 11).

Was hier immer im Kopf behalten werden sollte: Im Gegensatz zu Arbeitgeberbewertungsportalen geht es hier um den nicht dokumentierten, in der Regel informellen Austausch zwischen (ehemaligen) Mitarbeitern und Interessenten, der nur begrenzt beeinflussbar ist. Zwar können beispielsweise Dialogplattformen geschaffen werden, über die Interessierte in den Austausch mit Mitarbeitern gehen können, und so der Austausch aktiv gefördert werden. Authentische Aussagen entstehen allerdings nur, wenn Mitarbeiter tatsächlich zufrieden oder begeistert sind. Ohne eine ernsthafte Investition in die Mitarbeiter bleibt dieser einflussreiche Weg eine Sackgasse. Die Investition in die Mitarbeiter wird damit auch immer zu einer Investition ins Recruiting.

Aber nicht nur das mit Beziehungen verbundene Vertrauen ist von Nutzen: Auch das gegenseitige Wissen der Netzwerkpartner wird zum Vorteil, weil Mitarbeiter, die Kandidaten empfehlen, beide Seiten kennen, also Unternehmen und Bewerber, und daher die gegenseitige Passung selbst ebenfalls gut einschätzen können. Nur wenn eine Passung gegeben ist, wird ein Mitarbeiter einen Kandidaten auch empfehlen, weil ansonsten Reputationsschäden, die mit einer Fehlempfehlung verbunden wären, zu befürchten sind. Dieser Effekt führt dazu, dass Bewerbungen über diesen Weg nicht nur besonders gut konvertieren, sondern die Bewerber in der Regel auch besonders gut passen, wodurch das Fehlbesetzungsrisiko sinkt. Das Mitarbeiternetzwerk sollte folglich auch für die Streuung der Informationen genutzt werden, da über Mitarbeiterempfehlungen alle drei Informationsphasen bedient werden. Aus diesem Grund setzen immer mehr Unternehmen Programme und Instrumente ein, die Empfehlungen von Mitarbeitern begünstigen. Laut der Studie „Recruiting Trends 2014“ der Universität Bamberg halten bereits 62,9 % der 1000 größten Unternehmen Deutschlands ihre Mitarbeiter dazu an, bestehende freie Stellen an ihr privates Umfeld und Netzwerk weiterzuempfehlen (offline) (vgl. [10]). Persönliche Kontakte und zufriedene Mitarbeiter sind einer der stärksten und vor allem auch nachhaltigsten Instrumente im Recruiting, weshalb nach unserer Einschätzung in diesem Bereich in den nächsten Jahren die spannendsten Recruitinginnovationen liegen werden. Eine weitere Studie des Instituts der deutschen Wirtschaft Köln belegt, dass bereits 2011 49 % der Unternehmen ihre Angestellten über persönliche Kontakte rekrutieren, was einem Wachstum von 9 % seit 2006 entspricht (vgl. [6]).

Auch Unternehmen, wie GoodJob, Jibe, newton und andere haben diesen mächtigen Kanal für ihre Geschäftsmodelle entdeckt, denn diese Empfehlungen führen meist zu langfristigen Besetzungen.

Gerade Start-ups, die zu Beginn ihrer Geschäftstätigkeit kaum Ressourcen zur Verfügung haben, aber meist gut vernetzt sind, sollten dieses sehr effiziente Instrument deshalb bewusst und verstärkt einsetzen. Auch wenn darüber gerade anfangs nicht sehr viele Bewerbungen generiert werden, sind es doch sehr relevante Bewerbungen, was ohnehin das beschriebene Ziel im Recruiting ist: Bewerbungen mit hoher Passung, die den Bearbeitungsaufwand minimal halten, aber dennoch exzellente Besetzungen ermöglichen.

6.7 Bewerber-Conversion optimieren: Warum es sich lohnt, die Bewerbungen regelmäßig zu analysieren

Anhand des beschriebenen Informationsprozesses und der damit verbundenen Aktivitäten und Reaktionen des Bewerbers wird ersichtlich, dass Recruiting mittlerweile an mehreren Stellen gleichzeitig ansetzen muss, um einen Kandidaten nicht nur zu erreichen, sondern ihn auch zum Bewerber zu konvertieren. Nur wenn beides gleichzeitig gelingt, werden ausreichend Kandidaten generiert. Damit wird Recruiting zu einer komplexen Unternehmensaufgabe, in die ganzheitlich investiert werden muss. Gerade vor dem Hintergrund der hohen Investitionen steigt die Bedeutung der Ergebnismessung. Die Messung des Bewerbungsverhaltens der unternehmensrelevanten Zielgruppe sollte genau untersucht und analysiert werden, um unterscheiden zu können, ob die Inhalte unpassend waren, die Position nicht ausreichend oder über die falschen Kanäle gestreut wurde, ob es an der Employer Brand selbst liegen könnte, oder ob am Ende vielleicht sogar der Bewerbungsprozess selbst die Ursache für die wenigen Bewerber ist. Denn für Bewerberformulare gelten beispielsweise die gleichen Prinzipien wie für Webseiten: Ist die Seite schwer zu bedienen, unklar oder auch einfach zu aufwändig und zeitintensiv, ist die Abbruchrate hoch. Dieser „Checkout" am Ende ist besonders fatal, da die Bewerber bereits konvertiert wurden und dann aufgrund von Prozessschwierigkeiten im letzten Schritt verloren gehen. Daher sollten sich Start-ups frühzeitig mit dem Recruiting-Prozess und den Modalitäten einer Bewerbung auseinandersetzen, um sicherzustellen, dass sich Bewerber leicht und schnell bewerben können.

Um eine umfassende Analyse vorzunehmen, sollten sowohl quantitative als auch qualitative Auswertungen der existierenden Bewerbungen in Abhängigkeit der verwendeten

Portale stattfinden als auch etwas aufwändigere Verfahren, wie beispielsweise eine Befragung der Bewerber und derer, die zum Beispiel nicht auf eine direkte Anfrage reagiert haben. Darüber hinaus können auch eine Beobachtung während des Informations- und Bewerbungsprozesses, eine Umfrage oder das Testen gleicher Inhalte auf unterschiedlichen Plattformen Alternativen sein. Gibt es auf unterschiedlichen Kanälen beispielsweise deutlich unterschiedliche Rücklaufquoten, lässt dies Rückschlüsse auf den Kanal zu. Kommen auf allen Kanälen wenige Bewerbungen, lässt dies eher Rückschlüsse darauf zu, dass die Employer Brand für die Zielgruppe nicht attraktiv ist. Dann lohnt sich auch der direkte Austausch mit vier bis fünf Kandidaten, die eine Direktanfrage abgelehnt haben. Ist die Anzahl der Bewerbungen hoch, die Passung allerdings gering, sind meist die Kommunikationsinhalte optimierungsbedürftig. Erhält das Unternehmen zahlreiche Bewerbungen, aber die Bewerber wählen andere als die vorgegebenen Wege, könnte ein Problem mit dem Tool vorliegen.

Die Unternehmen, die ihr Wissen darüber, wie sie Kandidaten besser erreichen UND konvertieren, durch diese Analyse ständig erweitern und gezielt nachbessern, haben einen klaren Vorteil im „War for Talent", da sie selbst aktiv werden. Diese „Candidate Journey Analyse", die sich mit der Checkout-Prozessoptimierung im E-Commerce vergleichen lässt, entscheidet maßgeblich mit darüber, ob sich ein Unternehmen im Wettbewerb um die besten Köpfe durchsetzen kann.

Zusammenfassung: Bewerber-Conversion

- Recruiting muss künftig aufgrund des Informationsbedürfnisses und -verhaltens der Bewerber an mehreren Stellen gleichzeitig ansetzen, um Bewerber zu erreichen UND zu konvertieren. In das Recruiting muss künftig deutlich stärker investiert werden.
- Investieren Sie insbesondere Zeit in Ihre Karriereseite und die Social Media – Kanäle und machen Sie ihr Unternehmen auf beiden Kanälen über Bilder und emotionale, authentische Inhalte erlebbar.
- Die Employer Brand basiert auf den strategischen Grundlagen eines Unternehmens. Es ist Aufgabe der Unternehmensführung, diese zu definieren. Sollte Ihnen diese Aufgabe zugetragen werden, delegieren Sie diese zurück oder beziehen Sie die Gründer in jedem Fall mit ein.
- Ohne eine gute Vision und Kultur ist im „War for Talent" kein Blumentopf mehr zu gewinnen: Überprüfen Sie, ob Ihre Vision und Kultur die Sinnfragen der Generation Y beantworten können.
- Fokussieren Sie sich im Employer Branding darauf, die richtigen Bewerbungen der besten Kandidaten zu erhalten, nicht die meisten Bewerbungen.
- Inhalte sind wichtig: Stellen sie individuelle und aussagekräftige Inhalte zur Stelle, Rolle und Kultur Ihres Unternehmens zur Verfügung. Setzen Sie dabei auf Eigenselektion durch Klarheit und Andersartigkeit. Vermeiden Sie Pseudo-Coolness.

- Social Networks unterscheiden sich von Social Media – Kanälen hinsichtlich der Erwartungen der User: Social Networks sollten zur Kontaktaufnahme und Netzwerkpflege genutzt werden, Social Media für die Inhaltskommunikation.
- Das aktive Management der einzelnen Kanäle ist sehr aufwändig, weil Bewerber qualitative Inhalte erwarten: Beschränken Sie sich deshalb bei limitierten Ressourcen auf wenige Kanäle: Qualität schlägt Quantität.
- Auch Mitarbeiter holen Referenzen im Informationsprozess ein. Beschönigungen sind daher zwecklos. Nur wer wirklich mitarbeiterorientiert handelt, kann sich nachhaltig im „War for Talent" positionieren.
- Sehen Sie Feedback auf Arbeitgeberbewertungsportalen als wertvolle Chance. Verfolgen und managen Sie das reichweitenstärkste Portal aktiv.
- Nutzen Sie Empfehlungen der Mitarbeiter als besonders machtvolles Instrument in der Bewerberüberzeugung: Investitionen in die Mitarbeiterzufriedenheit werden dabei immer auch zur Investition in die Talentgewinnung.
- Behalten Sie die Usability der Karriereseiten im Auge: Wenn die Bewerbung zu umständlich ist, verlieren Sie die Kandidaten im letzten Schritt der Bewerbung.
- Die Unternehmen, die den Prozess, wie sie Kandidaten besser erreichen UND konvertieren, kontinuierlich analysieren und gezielt Schwachstellen ausmerzen, werden einen deutlichen Vorteil bei der Gewinnung der besten Köpfe haben.

Weiterführende Literatur

1. Beck C (2008) Personal-Marketing 2.0: Vom Employer Branding zum Recruiting, Aufl 1. Hermann Luchterhand Verlag, Köln
2. Bergh J van den, Behrer M (2011) How cool brands stay hot: branding to generation Y. Kogan Page, London
3. Collins J (2001) Good to great: why some companies make the leap…and others don't. HarperBusiness, New York
4. Gaedt M (2014) Mythos Fachkräftemangel: Was auf Deutschlands Arbeitsmarkt gewaltig schiefläuft, Aufl 1. Wiley-VCH Verlag GmbH & Co. KGaA, Weinheim
5. Granovetter M (1995) Getting a job: a study of contacts and careers, Aufl Revised. Univ of Chicago Pr, Chicago
6. Institut der deutschen Wirtschaft Köln „Vitamin B hilft am besten: http://www.iwkoeln.de/de/infodienste/iwd/archiv/beitrag/mitarbeiterrekrutierung-vitamin-b-hilft-am-besten-115552?highlight=vitamin%252Bb. Zugegriffen: 20. Juni 2014
7. Kirchner J, Fedossov A (2014) Wollmilchsau – Mobile Recruiting Studie 2014: http://www.wollmilchsau.de/mobile-recruiting-studie-2014/. Zugegriffen: 25. Juni 2014
8. Klimesch LS von, Klimesch C von (2013) Professional Search als Personalmarketing: Eine Antwort auf das Recruiting-Dilemma in der Wissensgesellschaft, Aufl 2014. Springer Gabler, Berlin
9. Maier N (n.d.) Erfolgreiche Personalgewinnung und Personalauswahl: Von der Personalsuche über die Kandidatenanalyse und Einstellung bis zur Einführung mit zahlreichen Arbeitshilfen und Vorlagen, Aufl 4. ed. Praxium, Zürich

10. Rosen E (n.d.) Net-Geflüster, Aufl. 2000, 1. Econ, München
11. Weitzel T et al (2014) Centre of Human Resources Information Systems: Recruiting Trends 2014 Eine empirische Untersuchung mit den Top-1.000-Unternehmen aus Deutschland sowie den Top-300-Unternehmen aus den Branchen Health Care, IT und Maschinenbau. http://www.uni-bamberg.de/fileadmin/uni/fakultaeten/wiai_lehrstuehle/isdl/Bewerbungspraxis_2014.pdf. Zugegriffen: 15. Juni 2014
12. Weitzel T et al Bewebungspraxis 2012: Eine empirische Studie mit über 10.000 Stellensuchenden und Karriereinteressierten im Internet. Otto-Friedrich Universität Bamberg, Goethe-Universität Frankfurt am Main, Centre of Human Resources Information Systems: http://www.uni-bamberg.de/fileadmin/uni/fakultaeten/wiai_lehrstuehle/isdl/MS_Bewerbungspraxis_2012.pdf. Zugegriffen: 20. Juni 2014

Die Screening-Phase im Bewerbungsprozess

7

Zusammenfassung

Die Auswahl der am besten passenden Bewerber ist eine der herausforderndsten Aufgaben im Unternehmen, da es äußerst schwierig ist, einen Kandidaten in wenigen Gesprächen zu erfassen und seine Passung zur Rolle, zur Funktion und zur Kultur gleichermaßen feststellen zu können. Daher treten in der Praxis selbst bei sorgfältiger Planung und Durchführung mehrerer Auswahlstufen trotzdem Einstellungsfehler auf. Um zusätzliche Kosten und die mit Entlassungen verbundene Demotivation des Teams so gut wie möglich zu vermeiden, ist es deshalb wichtig, Kandidaten sorgfältig und über mehrere Stufen hindurch zu überprüfen. Auch hier erfolgt die Informationsbeschaffung zu den Kandidaten dreistufig. Im ersten Schritt werden die Lebensläufe und Profile der Kandidaten auf eine grundsätzliche Passung zur Position und zum Unternehmen überprüft. Im Anschluss werden dann zusätzliche, tiefere Informationen zu den Kandidaten anhand von Gesprächen und Auswahlinstrumenten gesammelt, die eine bessere Beurteilung der Passung zulassen. Im dritten Schritt werden die gewonnenen Informationen über Referenzgespräche verifiziert und damit die Grundlage für eine professionelle und sorgfältige Personalauswahl und Entscheidung im Recruitingprozess gelegt.

7.1 Tipps für die Kandidaten-Vorselektion: Warum erfolgreiche Personalauswahl schon vor dem Interview beginnt

Ist es gelungen, geeignete Kandidaten von einer Bewerbung zu überzeugen und liegen deren Unterlagen vor, beginnt der erste Schritt der Informationsbeschaffung im Screening-Prozess: die Bewerberselektion auf Basis grober Daten. Hier werden die Bewerbungen mit dem Stellenanforderungsprofil abgeglichen.

C. Buchheim, M. Weiner, *HR-Basics für Start-ups,* DOI 10.1007/978-3-658-03893-9_7

In der Praxis werden beim passiven Recruiting natürlich nicht alle Bewerbungen gleichermaßen ausführlich geprüft. Den meisten Verantwortlichen genügt ein Blick auf den Lebenslauf, die Formatierung und die Eckdaten, um eine Vorselektion zu ermöglichen. Grobe Schnitzer, wie zum Beispiel chaotische Word-Dokumente, Bewerbungen ohne Inhalt, unverständliche Schriftzeichen, Serienbewerbungen mit falschem Unternehmensnamen und vieles mehr, werden direkt aussortiert. Falls es sich um eine Initiativbewerbung handelt, wird im ersten Schritt überprüft, von welcher Qualität die Bewerbung ist, ob es im Unternehmen eine relevante Vakanz gibt oder das Profil in die Talentdatenbank integriert werden sollte.

Häufig wird die Entscheidung zum „Aussortieren" aufgrund dieses Ersteindrucks zu schnell getroffen. Hier gilt eine Abwägung der Einzelfälle. Manchmal sind Bewerbungen zum Beispiel nur so ausgefeilt und perfekt, weil Bewerber sich schon seit Monaten in Serie bewerben. Auf der anderen Seite sind manchmal Bewerbungen von topqualifizierten Kandidaten sehr schlecht formatiert und wenig ansprechend, weil sie sich noch nie direkt beworben haben, sondern immer empfohlen worden sind. Es gilt also die Schlüssigkeit der Bewerbung insgesamt zu beurteilen.

Gerade in Start-ups und Digitalunternehmen muss bei der Kandidatenselektion mit alten Recruiting-Weisheiten aufgeräumt werden. Der rote Faden durch den Lebenslauf ist zwar häufig ein Zeichen von frühzeitiger Planungssicherheit und von Ehrgeiz. Quereinsteiger, Studien- und Jobwechsler sind jedoch nicht per se ungeeignete Mitarbeiter. Ganz im Gegenteil: Vielleicht bringen sie gerade dadurch die Fähigkeiten und Kompetenzen mit, sich an ständig wechselnde Gegebenheiten in Folge ständiger Innovation anzupassen. Gerade für die Generation Y sind regelmäßige „Sabbaticals" zum Beispiel keine Seltenheit; für Start-up-Mitarbeiter sind häufige Jobwechsel oder unabgeschlossene Studiengänge ebenfalls recht normal. Auch im Hinblick auf den ausgerufenen Fachkräftemangel lohnt es sich, sowohl beim passiven und auch beim aktiven Recruiting, Quereinsteiger zu berücksichtigen. Der Werdegang auf einem Lebenslauf oder Xing-Profil sollte dabei immer als eine unvollständige Kurzzusammenfassung der Geschichte des Bewerbers verstanden werden und auch als solche gelesen werden. Unklarheiten können für ein eventuelles Bewerbungsgespräch notiert werden, sind aber keineswegs bei genereller Passung ein Ausschlusskriterium. Um die generelle Passung des Bewerbers bewerten zu können, ist es auch nötig, sich im Gespräch auf das zu konzentrieren, was sich der Bewerber im nächsten Schritt wünscht – nicht unbedingt auf das, was er bis zuletzt gemacht hat. Nur dafür wird er die entsprechende Motivation mitbringen. Kennt man diese Wünsche und plant der Bewerber hier eine starke Veränderung, ist das keineswegs ungewöhnlich. Aufgabe ist es dann noch, im Gespräch zu prüfen, ob der Kandidat die grundsätzlichen Kompetenzen mitbringt, die nötig sind, um sich in das Themenfeld in der vorgesehenen Geschwindigkeit einzuarbeiten.

Tipp: Ignorieren Sie Bewerbungsbilder, auch wenn es schwer fällt.
Bewerbungsbilder sind ein ambivalentes Thema bei HR-Managern: Auch wenn der anonymisierte europäische Lebenslauf weiter Einzug hält, ergab eine Studie der Deutschen Bildungs AG, dass HR-Verantwortliche immer noch sehr großen Wert auf ein Bewerbungsbild legen (vgl. [2]). Bewerbungsbilder haben damit immer noch einen maßgeblichen Einfluss auf die Kandidatenvorauswahl. Trotzdem ist es empfehlenswert, Bewerbungsbilder zu ignorieren, auch wenn es schwer fällt. Bewerbungsbilder sind häufig trügerisch: Ob veraltet, optimiert oder unpassend ausgewählt, täuschen diese Bilder nicht selten und haben einen verzerrenden Einfluss auf die Auswahl. Letztendlich kann nur der persönliche Eindruck von einem Bewerber Rückschlüsse auf die persönliche Passung zulassen. Wählen Sie im „War for Talent" niemanden ab, nur weil sein Bild nicht passt.

Grundsätzlich sollte bereits im Vorscreening entlang der drei Kreise geprüft werden. Die optimale Passung des Bewerbers auf die Funktion, Rolle und Kultur beziehungsweise seine fachlichen und allgemeinen Qualifikationen, seine Persönlichkeit und seine Werte sollten also so gut wie möglich in den Vorauswahlprozess einbezogen werden.

Wie bereits erläutert, ergibt die gemeinsame Schnittmenge der Funktion, Rolle und Kultur auf Unternehmensseite mit dem Können, der Persönlichkeit (dem motivorientierten Verhalten) und den Werten des Kandidaten auf der anderen Seite die bestmögliche Passung zwischen Kandidat und Unternehmen (Abb. 7.1). Daher sollte auch bereits bei der Vorselektion anhand des Anforderungsprofils vorgegangen werden. Hier kann das Anforderungsprofil direkt als Checkliste verwendet werden. Zu beachten ist dabei immer die Unterscheidung zwischen erlernbarem Wissen und unbedingt erforderlichen Qualifikationen und Fertigkeiten, um nicht vorschnell gegebenenfalls passende Bewerber auszuschlie-

Abb. 7.1 Exzellente Passung

ßen. Gerade in Anfangsphasen zählen in Start-ups häufig Eigenschaften wie Eigenverantwortlichkeit, Umsetzungsorientierung, Flexibilität und Analytik mehr als sehr spezifische Qualifikationen. Erst mit einsetzendem Wachstum werden zunehmend Spezialisten mit dezidierten Qualifikationen benötigt, aber auch diese sollten bestenfalls dem Anspruch an Eigenverantwortlichkeit, Flexibilität und Umsetzungsorientierung gerecht werden. Es ist also wichtig, erlernbare Qualifikationen von nicht erlernbaren zu unterscheiden, wenn Bewerber ausgewählt oder Kandidaten aktiv auf eine Vakanz angesprochen werden. Der im Start-up geltende Satz ‚Hire for Attitude, not for skills' sollte daher eigentlich ‚Hire for general competencies, not for specific knowledge' lauten. Lediglich im Falle sehr stark wachsender Organisationen sollte man mit Blick auf die vorhandenen Qualifikationen sehr strikt sein, da in solch dynamischen Phasen kaum Raum für Entwicklung und Aufbau von Expertise bleibt, selbst wenn der Kandidat grundsätzlich fit ist.

Anforderungspassung hinsichtlich der Rolle beziehungsweise der Persönlichkeit des Kandidaten bedeutet beispielsweise auch, dass für Bewerbungen für Positionen, in denen Genauigkeit eine besondere Rolle spielt, in der Vorselektion ein besonderes Augenmerk auf die Formatierung und Korrektheit der Bewerbung gelegt wird, oder bei Positionen in denen das Start-up unternehmerisch und eigenverantwortlich mitgeprägt werden soll, bereits erste Gründungserfahrung oder vergleichbare Projekte vorhanden sind. Meist geht dies natürlich nicht so eindeutig aus dem Lebenslauf hervor wie die Kernfakten, dennoch kann oft mehr aus einer Bewerbung herausgelesen werden als zunächst angenommen. Entstehende Fragen oder der Wunsch nach weiteren Informationen zu bestimmten Stationen sollten dabei immer direkt für die Interviews notiert werden.

Natürlich lässt sich allein von der Bewerbung nicht eindeutig auf die kulturelle Passung zum Unternehmen oder zum Team schließen. Da diese aber für den späteren Erfolg der Zusammenarbeit bedeutend ist, sollte sie auch bereits beim Lebenslauf-Screening beziehungsweise der Kandidatenansprache im Hinterkopf behalten werden. Das heißt, dass Bewerbungen aussortiert werden sollten, die zwar formal den Anforderungen genügen, aber aufgrund von Aussagen im Anschreiben oder anderweitigen Angaben diametral zur Unternehmenskultur stehen. Bei Fragezeichen sollten Kandidaten im ersten Interview explizit auf die kulturelle Passung geprüft werden.

Wenn der Kandidat im ersten Schritt die Anforderungen weitestgehend zu erfüllen scheint, lohnt es sich, im Hinblick auf ein effizientes Vorgehen direkt eine erste Verifizierung durchzuführen und die Kohärenz zu überprüfen: Häufig sehen Bewerbungen auf den ersten und auch zweiten Blick sehr überzeugend aus, wenn jedoch Angaben im Lebenslauf mit Zeugnissen überprüft werden, so stößt der Personalverantwortliche nicht selten auf Überraschungen: Da ist im Lebenslauf ein Arbeitgeber angegeben, für den der Bewerber schon seit 8 Monaten nicht mehr tätig ist, die ehrenamtliche Projektarbeit fand 4 Wochen und nicht 6 Monate statt, die Promotion wurde bereits vor 2 Jahren abgebrochen und dauert daher nicht „bis heute". Auch die Frage danach, wie stark ein Bewerber übertreibt oder welche Dinge explizit nicht im Lebenslauf oder in den Zeugnissen angegeben sind, lassen häufig bereits relevante Schlüsse zu, die entweder bei der Vorselektion helfen oder bereits als Fragen für das erste Interview notiert werden sollten.

Unter Kohärenz verstehen wir allerdings nicht, wie bereits erwähnt, den vielzitierten roten Faden im Lebenslauf: Gerade bei der Generation Y sind häufige Jobwechsel, regelmäßige Auszeiten oder berufsfremde Projekte relativ üblich. Bewerber, welche häufiger den Arbeitgeber wechseln, können manchmal auch flexibler arbeiten und schneller lernen. Häufig kann auch der Grund der Arbeitgeberwechsel bereits aus den Profilen herausgearbeitet werden. Ist der Kandidat regelmäßig aufgrund einer vertikalen Verbesserung zu einem anderen Unternehmen gewechselt oder ist er jedes Mal horizontal gewechselt? Falls der Kandidat horizontal in einer Position gewechselt ist, hat er sich dabei durch verschiedene Modelle in der gleichen Position weiter spezialisiert oder es einfach nirgends länger als ein paar Monate ausgehalten? In diesem Zusammenhang empfiehlt es sich, sowohl im passiven also auch aktiven Recruiting motivierten Kandidaten mit Potential den Vortritt gegenüber erfahreneren Kandidaten in einer vergleichbaren aktuellen Position oder Ebene zu lassen. Häufig werden in der Praxis – beispielsweise bei der Suche nach einem Senior Online Marketing Manager – nur diejenigen Bewerber als erstes identifiziert oder ausgewählt, die diese Tätigkeit bereits ausüben. Für diese Kandidaten wäre der nächste logische Schritt allerdings eher eine Abteilungsleitung oder unternehmensweite Marketingleitung. Falls es sich also nicht gerade um einen Wechsel von einem sehr kleinen in ein größeres Konstrukt handelt, lassen sich diese Kandidaten dann häufig einkaufen, sind aber intrinsisch weitaus weniger motiviert als wenn sie beispielsweise aus einer Online-Marketing-Manager-Position in die nächst höhere Position aufsteigen können. Es gilt hier natürlich im Einzelfall abzuwägen und dabei die Anforderungen der Stelle kontinuierlich im Auge zu behalten.

Kohärenz bedeutet auch Schlüssigkeit zwischen Anschreiben und Lebenslauf, falls überhaupt noch ein Motivationsschreiben integriert wurde: Das Anschreiben kann viel über die Ausdrucksfähigkeit, die Person und die Motivation des Bewerbers verraten und sollte von daher bei der tieferen Bewerbungsprüfung ebenfalls aufmerksam gelesen werden. Ist das Anschreiben ein vorgefertigtes Serienanschreiben, sind viele Rechtschreibfehler enthalten, oder ist es auf die Position und das Start-up zugeschnitten und individuell verfasst? Sind die Sätze logisch, analytisch formuliert oder wild aneinander gereiht?

Wenn nicht bereits in der Stellenausschreibung integriert, bietet es sich bei sehr hohem Bewerbungsaufkommen an, im Vorfeld an die am geeignetsten erscheinenden Bewerber eine erste Aufgabe mit einem Abgabetermin zu verschicken. Auch hier wird noch einmal vorselektiert, denn nur die wirklich interessierten Bewerber werden auch Zeit investieren, um die Aufgabe zu bearbeiten. Anhand der Ergebnisse der Aufgabenbearbeitung ist im Anschluss eine erneute Selektion und eine Kandidatenpriorisierung noch einfacher.

Anhand des ersten Screenings kann nun ein Ranking der Bewerber oder Kandidaten erstellt werden und die passendsten Kandidaten werden zum Erstinterview eingeladen. Dabei ist es aus prozessualer Sicht wichtig, den Überblick über alle Kandidaten zu behalten und den bereits Abgewählten auch zeitnah und professionell abzusagen (Absageregeln siehe Kap. 8.4).

7.2 Interviewrahmen und Abfolge: Warum Bewerber strukturiert von mehreren Personen geprüft werden sollten

Im nächsten Schritt gilt es, über Interviews und weitere Auswahl-Tools so viele relevante Informationen wie möglich über die Kandidaten zu erhalten. Dazu werden die ausgewählten Kandidaten im Anschluss zu einem ersten Interview eingeladen.

- **Erstattung von Reisekosten** Bewerber haben grundsätzlich einen Anspruch auf die Erstattung ihrer Reisekosten. Darunter fallen zum Beispiel Anreisekosten, Übernachtungs- und Verpflegungskosten. Deshalb sollte im Vorfeld eine klare Reisekostenregelung definiert werden, welche vor dem ersten Interview an die Bewerber kommuniziert werden muss. Entweder kann das Start-up (vor dem Hintergrund der begrenzten Ressourcen) direkt darauf verweisen, dass Reisekosten leider grundsätzlich nicht erstattet werden können oder eine maximale Erstattungspauschale nennen. Wer Bewerber nicht explizit vor dem Interview auf eine abweichende Regelung verweist, muss die Reisekosten in der Regel tragen. Ein Hinweis zur Reisekostenregelung kann zum Beispiel in der E-Mail-Signatur der HR-Verantwortlichen oder direkt in der Einladung zum ersten Interview integriert werden.

Die Tatsache, dass eine Person nicht alle Kriterien gleichermaßen überprüfen kann und Interviews eben immer auch subjektiv geführt und bewertet werden, macht mindestens ein Vier-Augen-Prinzip erforderlich – insbesondere vor dem Hintergrund, dass der einstellende Manager mit einem gewissen Aufgabendruck in die Gespräche geht und daher vor allem auf Basis einer fachlichen Eignung entscheidet. Dabei können Zweifel an der Persönlichkeit oder kulturellen Passung zugunsten der Expertise ignoriert werden. Im Idealfall durchläuft ein Kandidat drei unterschiedliche Interviews, um so eine breitere und tiefere Informationsgewinnung zu garantieren. Deshalb sollten die Gespräche auch nicht gemeinsam, sondern getrennt voneinander geführt werden. Zum einen können so voneinander unabhängige Eindrücke und Meinungen gebildet werden, zum anderen erhält auch der Kandidat die bestmögliche Chance sich vorzustellen. Aber auch hier gibt es Grenzen: Mehr als drei Interviews hintereinander sollten dem Bewerber nicht zugemutet werden, mehrere Interviewrunden lohnen sich also. In der Praxis gibt es häufig auch regelrechte Interviewmarathons, insbesondere, wenn es keinen klaren Recruiting-Prozess und unklare Entscheidungsvorgaben gibt. In solchen Fällen bietet es sich wiederum an, pragmatisch zu bleiben und Interviews dann in Zweierteams zu führen, und damit die Gesamtinterviewanzahl zwar zu reduzieren, aber trotzdem noch eine ausreichende Anzahl an Interviews durchzuführen.

Die Prozesskriterien Effizienz und Transparenz müssen auch im Interviewprozess angewendet werden: Wenn mehrere Interviews stattfinden, muss intern festgelegt und kommuniziert werden, welche Fragestellungen von welcher Person in welchem Schritt geprüft werden. Denn es ist wenig effizient und lässt auch den künftigen Arbeitgeber nicht im

Abb. 7.2 Interviewfragen

besten Licht erscheinen, wenn in allen Interviewschritten die gleichen Interviewfragen gestellt werden und keiner der Interviewer weiß, ob er sich mit dem Kandidaten gerade im zweiten oder dritten Interview befindet. Effizienz bedeutet in diesem Fall auch, dass Spezialisten die fachlichen Kriterien abprüfen und nicht ein Interviewpartner, der selbst fachfremd ist und sich gegebenenfalls auf dünnem Eis bewegt. Personen aus Fachabteilungen oder Manager, welche nicht direkt mit dem Kandidaten zusammenarbeiten werden, müssen diesen auch nicht interviewen, wenn es nicht aus Unternehmenssicht erforderlich ist. Der künftige direkte Vorgesetzte und im Idealfall auch mindestens ein Vertreter der Geschäftsführung junger Unternehmen sollten dagegen vor dem Hintergrund der zunehmenden Bedeutung der Führungskräfte für die Jobentscheidung in jedem Fall an einem der Gespräche teilnehmen.

Der Recruiter oder Prozessverantwortliche sollte – um die strukturierte Prüfung aller Bereiche sicher zu stellen – bereits im Voraus die Interviewabfolge für eine Stelle festlegen, die Art der Interviews definieren und das Kandidaten-Feedback so koordinieren, dass es bestenfalls direkt dem darauffolgenden Interviewer vorliegt. So können beispielsweise die drei Kreise, also die fachliche Eignung, die kulturelle Eignung und die Persönlichkeit in unterschiedlichen Gesprächen und damit von unterschiedlichen Interviewpartnern fokussiert überprüft werden (Abb. 7.2).

So überprüft beispielsweise die Personalabteilung in einem ersten Schritt telefonisch im Überblick den Werdegang und die grundsätzliche erste Passung des Kandidaten sowie organisatorische Fragen. Im zweiten Schritt stellt die Fachabteilung dann im Anschluss an eine erste Aufgabenbearbeitung die Fähigkeiten und fachliche Passung des Kandidaten sicher. In einem wertebasierten Interview kann die Personalabteilung dann noch einmal tiefer auf die kulturelle Passung des Kandidaten eingehen, bevor die Geschäftsführung oder Abteilungsleitung noch einmal die Gesamtpassung, die Motivation und die Weiterentwicklungsperspektiven des Bewerbers sicherstellen kann (Abb. 7.3).

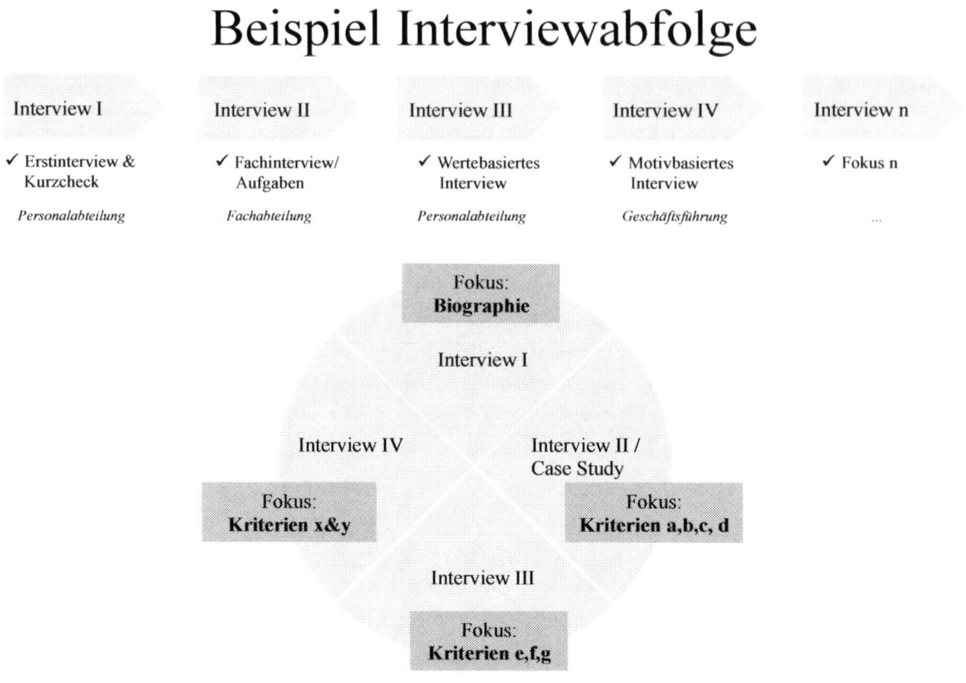

Abb. 7.3 Interviewabfolge

Natürlich ist in der Praxis keine hundertprozentig klare Abgrenzung möglich und auch gar nicht nötig. Denn auch der Fachbereich wird Fragen zur Motivation des Kandidaten stellen oder auch die kulturelle Passung beurteilen, genauso wie am Ende des Interviewprozesses gegebenenfalls noch weitere fachliche oder inhaltliche Fragen auftreten. Vermieden werden sollte jedoch, dass der Kandidat drei Interviews mit nur biographischen oder nur fachlichen Fragen durchläuft oder dreimal nach seiner Gehaltserwartung gefragt wird. Es kann aber auch im Umkehrschluss sinnvoll sein, auch im zweiten und dritten Interview biographische Fragen mit einfließen zu lassen und bestimmte persönliche oder berufliche Stationen mit einem anderen Fokus noch einmal zu diskutieren. In diesem Zusammenhang ist es, wie bereits erwähnt, von Bedeutung, dass die künftige Führungskraft einen großen Teil der Interviewsituation begleitet, da Führungskräfte einen wesentlichen Einfluss auf die Kandidatenentscheidung haben. Während sich Arbeitnehmer in den letzten Jahrzehnten noch eher für Marken und Geschäftsmodelle entschlossen haben, so entscheidet sich gerade die Generation Y heute, für eine ganz bestimmte Person zu arbeiten (siehe Kap. 11.2).

Um einen professionellen Ablauf zu gewährleisten, sollte jeder Interviewpartner also bereits im Vorfeld wissen, welche Rolle ihm im Prozess zukommt und welche Informationen bereits aus den vorherigen Interviews bekannt sind. Folgende Punkte sollten daher vor Interviewbeginn klar sein:

- Welche Rolle nehme ich im Interviewprozess ein? Wen hat der Bewerber bereits gesprochen?

- Was ist bereits bekannt? (Interviewprotokolle der vorangegangen Interviews)
- Welche konkreten Informationen sollen in diesem Interview gewonnen werden? Um welche Kriterien geht es vorrangig?
- Was ist mir noch unklar anhand der Bewerbung? Was möchte ich noch zusätzlich von dem Bewerber wissen?

7.3 Interviewablauf: Warum Struktur hilft

Es gibt in der Praxis kein Patentrezept für Interviews, da jeder Interviewpartner seine Persönlichkeit mit ins Gespräch einbringt und damit selbst die Interviewsituation beeinflusst. Zudem existieren zahlreiche Möglichkeiten, Interviews zu führen: offen oder strukturiert, situativ, mit kleinen Prüfungsaufgaben – diese Aufzählung ließe sich beliebig fortsetzen. Wichtig ist, im Vorfeld zu wissen, welche Informationen genau von dem Kandidaten benötigt werden, und dann zu überlegen, welche Fragen, Fragetechniken oder Aufgaben am ehesten zur Erlangung dieser Informationen führen. Um während der Interviews die Orientierung zu behalten und sich nicht zu verzetteln, sollte zumindest eine grobe inhaltliche und zeitliche Struktur berücksichtigt werden. Für persönliche Interviews sollte ein Zeitraum von rund einer Stunde angesetzt werden, für Interviews mit integrierten Aufgabestellungen rund eineinhalb bis zwei Stunden. Grundsätzlich gilt, dass diese Interviewgrundstruktur in jeder Form von Interview angewandt werden kann, aber eben mit unterschiedlichen inhaltlichen Bausteinen (Abb. 7.4).

Das persönliche Interview besteht in der Grundstruktur in der Regel aus zwei Hauptbereichen. Der biografischen Erörterung des Kandidaten und einem kriterienbasierten Teil,

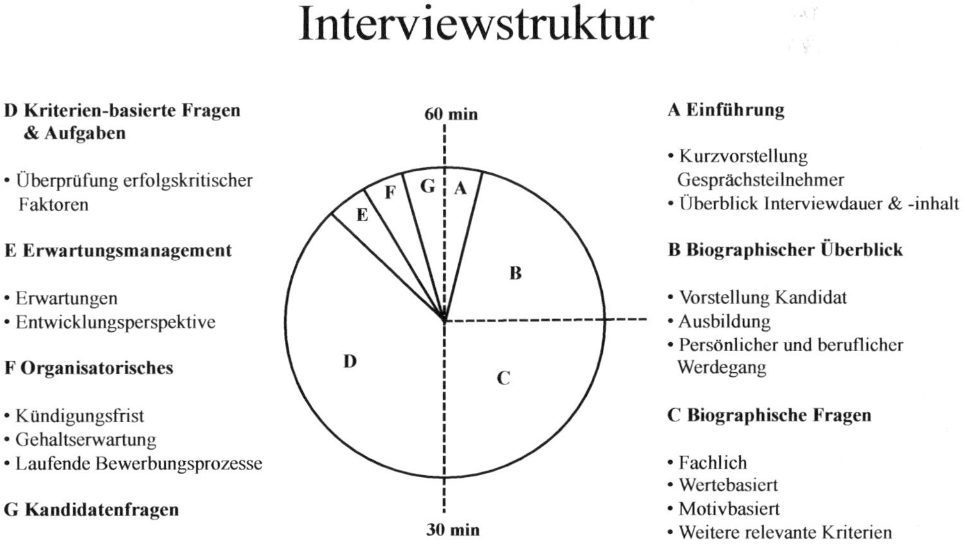

Abb. 7.4 Interviewstruktur

in welchem die relevanten Kriterien wie zum Beispiel Analytik, Prozessorientierung, Führungskompetenz und ähnliche dezidiert überprüft werden. Diese beiden Hauptbereiche können je nach Interviewanzahl zeitlich unterschiedlich gewichtet oder einzeln verwendet werden. Für den ersten Eindruck beim Bewerber zahlt sich auch die organisatorische Vorbereitung auf ein Interview aus. Dabei sollte auf Dinge wie ein ruhiger Raum, im Vorfeld ausgedruckte Unterlagen, Schreibutensilien, Getränke und die allgemeine Interviewatmosphäre geachtet werden.

Vom Gesamtablauf her wird das Interview in den ersten fünf Minuten durch die Kurzvorstellung der Interviewteilnehmer auf Unternehmensseite sowie mit einem Überblick über den weiteren Gesprächsverlauf eröffnet. Im Anschluss stellt der Kandidat dann seinen persönlichen und beruflichen Werdegang sowie seine biographischen Eckdaten in rund fünfzehn bis zwanzig Minuten vor. Je nach Interviewanzahl und Interviewfokus wird in den darauffolgenden zwanzig Minuten mit diesen Aussagen gearbeitet und mithilfe von fachlichen, situativen, wertebasierten oder einstellungs- und motivorientierten Fragen die tiefere Passung des Kandidaten mit Blick auf einzelne, relevante Kriterien überprüft. Auch ein transparentes Erwartungsmanagement auf beiden Seiten ist im Interview erfolgskritisch für die spätere Zusammenarbeit und muss Teil des Interviews sein. Welche Erwartungen hat der Kandidat hinsichtlich der Position, der Entwicklungsperspektiven und insgesamt ans Unternehmen? Wie sieht seine berufliche Planung für die nächsten Jahre aus? Hier sollte sehr genau nachgefragt werden und auch unternehmensseitig klar kommuniziert werden, um spätere Missverständnisse und Enttäuschungen zu vermeiden.

Im vorletzten Teil des Interviews, in dem praktische Dinge wie der frühestmögliche Startpunkt oder die Gehaltserwartungen abgeklärt werden, ist es auch legitim danach zu fragen, in wie vielen anderen Bewerbungsprozessen sich der Kandidat im Moment befindet und wie schnell er sich entscheiden muss. Häufig gibt es hier noch einmal interessante Kandidateninformationen zum Bewerbungskontext. Wie viele Bewerbungen hat ein Kandidat gleichzeitig laufen und vor allem auch wo? Wenn er zuvor seine Motivation fürs Start-up genannt hat, aber ansonsten eigentlich nur in Konzernen und Unternehmensberatungen im Prozess ist, sagt dies genauso etwas über ihn aus, wie auch die Aussage, dass er gerade nur in zwei anderen Prozessen oder gar keinem ist. Zudem ist es natürlich auch wichtig zu wissen, wie hoch der Entscheidungsdruck beziehungsweise Zeitdruck auf Kandidatenseite ist.

In den letzten fünf bis zehn Minuten kann dann der Kandidat seine Fragen stellen, die ihm ebenfalls direkt, ehrlich und ausführlich beantwortet werden sollten. Auch dieser Bestandteil muss in jedem Interview enthalten sein, zum einen um auch dem Kandidaten die Möglichkeit zu geben, sich möglichst breit zu informieren, zum anderen weil diese Fragen auch noch einmal weitere Einblicke zum Kandidaten liefern und in diesem Moment eine Beziehung auf Augenhöhe geschaffen wird, wodurch Wertschätzung und Respekt signalisiert wird. Dies ist von essentieller Bedeutung für Kandidaten im digitalen Zeitalter.

Wichtig ist, nach dem persönlichen Interview die wichtigsten Notizen oder Fragezeichen zeitnah mit den anderen Interviewpartnern zu teilen. Hier ist allerdings Vorsicht geboten. Klare Meinungen und Beurteilungen des Kandidaten sollten erst ausgetauscht werden, nachdem alle Interviewteilnehmer den Kandidaten getroffen haben, da es ansonsten zu Verzerrungen in der Beurteilung kommen kann (siehe auch Kap. 8.1). Es ist ratsam, direkt nach dem Interview ein kurzes Protokoll mit den wichtigsten Erkenntnissen und Eckdaten zu erstellen. Die Erfahrung zeigt, dass dies direkt im Interviewanschluss erledigt werden muss, da unmittelbare Eindrücke und Erkenntnisse nach spätestens 48 h bereits wieder schwächer sind oder sogar insgesamt bei häufiger Interviewführung bereits wieder von den nächsten Interviewergebnissen überlagert werden. Auch dieser Dokumentationsprozess sollte von der Personalabteilung zentral koordiniert werden.

Falls Bewerber nicht am Unternehmensort wohnhaft sind, können auch Telefoninterviews einen ersten Eindruck verschaffen. Ein Ersatz für ein persönliches Interview sollten sie jedoch nicht sein. Ein Telefoninterview ist deshalb immer nur als Erstüberprüfung der Kandidaten zu sehen und bietet sich auch als zeiteffiziente Variante an. Wenn aber schon Telefon, dann empfiehlt sich heutzutage eine Videokonferenz, um von Anfang an einen ganzheitlichen Eindruck vom Bewerber zu gewinnen. Da ein Telefonat nur einen Bruchteil der relevanten Informationen transportiert und einige relevante Aspekte, wie die Körpersprache, unbetrachtet bleiben, sollte der Interviewer hier besonders gut vorbereitet sein. Einfach bei einem Kandidaten anzurufen, um kurz zu „quatschen" ist eher kontraproduktiv, da es zu einem misslichen Ersteindruck führen kann und eher Verwirrung stiftet, als Klarheit zu schaffen. Im Gegensatz zu einem persönlichen Interview sollte ein Telefoninterview in der Regel zwischen 30 und maximal 45 min dauern und besteht aus den gleichen gekürzten Bausteinen des persönlichen Interviews.

7.4 Interviewtechnik: Warum es sich lohnt, in die Tiefe zu gehen

Grundsätzlich ist das Ziel eines Interviews, die Beweggründe der Vergangenheit, Gegenwart und Zukunft der Bewerber näher zu beleuchten, um ein ganzheitliches Bild anhand der drei Kreise zu gewinnen und dabei den Interpretationsspielraum des Interviewers weitestgehend einzugrenzen.

Als Interviewtechnik bietet sich dafür beispielsweise das Ereignisdreieck an (Abb. 7.5). Mit dieser Technik kann ein ganzes Interview lang gearbeitet werden und viel über den Bewerber herausgefunden werden: Dabei kann jede Lebenssituation oder jedes Projekt beziehungsweise jede Aussage, die der Kandidat im Interview liefert, entlang der drei folgenden Fragen tiefer untersucht werden. Jede weitere Aussage, die der Kandidat, im Zuge der Beantwortung liefert, kann wiederum für ein noch genaueres Nachhaken verwendet werden. Auf diese Weise fragt man sich tief in die Situation, sodass am Ende kaum noch individueller Interpretationsspielraum besteht, weil die Fakten so erarbeitet wurden.

- Frage eins: „Wie ist es dazu gekommen?" Diese Frage zielt auf die Initiative des Bewerbers ab, also was die persönlichen Beweggründe für eine bestimmte Situation oder ein bestimmtes Projekt waren. Dabei ist insbesondere wichtig herauszufinden, ob die Initiative vom Bewerber selbst ausging oder er Unterstützung erhalten hat und die Vorarbeit von jemand anderem erfolgte.

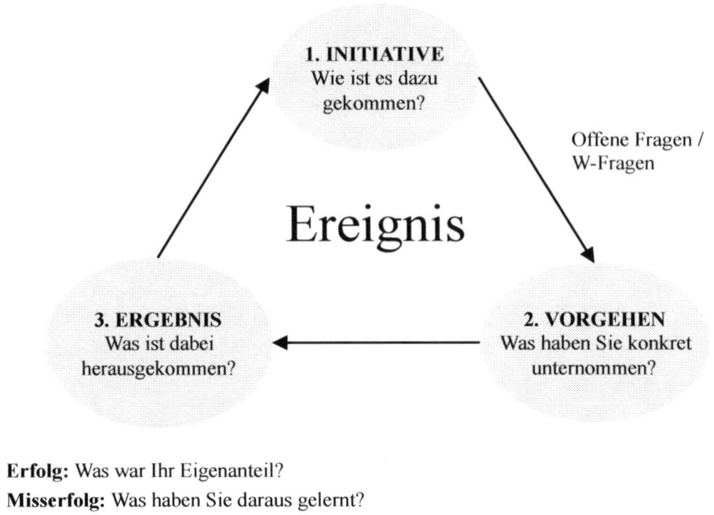

Abb. 7.5 Interviewdreieck

- Frage zwei: „Was haben Sie konkret unternommen?“ Diese Frage zielt auf das Vorgehen des Bewerbers ab, also welche Maßnahmen und Handlungen die Person verfolgte, um ihre Pläne in die Tat umzusetzen.
- Die dritte Frage fokussiert sich schließlich auf das Ergebnis: „Was ist dabei herausgekommen? Was haben Sie daraus gelernt?“

Durch diese Fragetechnik bringt man in Erfahrung, ob der Kandidat bestimmte Projekte selbst angestoßen hat oder verpflichtet wurde. Man erfährt in der Beschreibung der Vorgehensweise viel über die Arbeitsweise und Präferenzen des Kandidaten und kann anhand des dritten Punktes eben auch die konkreten Ergebnisse bewerten. Besonders wichtig ist es, in den Formulierungen des Kandidaten auf die Wörter „wir“ und „man“ zu achten. Benutzt ein Kandidat diese Wörter, lohnt es sich nachzufragen, um genau zu ermitteln, wer wirklich die Initiative ergriff, den Plan umgesetzt hat und für das Ergebnis verantwortlich ist. Hier ist besonders wichtig nachzuhaken und zu klären, welche Rolle der Kandidat konkret inne hatte und was sein spezifischer Verantwortungsbereich beziehungsweise persönlicher Beitrag zum Ergebnis war.

Bei der Erörterung des Lebenslaufs erkennt der Interviewer durch Fragen nach der Wechselmotivation bei vorherigen Jobs und situativen Fragen zudem meist, in welcher Weise der Bewerber grundsätzlich seine Entscheidungen fällt, also eher intuitiv oder rational. Beispiel: „Aus welchem Grund haben Sie sich damals für diese Stelle/das Unternehmen entschieden? Wie kam es dazu?“ Auch die Frage nach den damaligen Alternativen lässt Rückschlüsse auf die Art und Weise der Gestaltung von Veränderungen zu. Die meisten beruflichen Wechsel haben auch persönliche Gründe. Meist sind andere Gründe vorgeschoben, dem gilt es dann auf den Grund zu gehen. Es kann hilfreich sein, hier auf das vorherig bestehende Arbeitsumfeld tiefer einzugehen. Gerade bei biographischen Fragen können Fragen auch als eine Art Suchscheinwerfer gestellt werden: „Was haben Sie noch gemacht?“ oder „Wofür haben Sie sich noch interessiert?“ bringen manchmal noch einmal neue relevante Themen hervor, die dann gegebenenfalls wiederum mit dem Ereignisdreieck tiefer beleuchtet werden können.

Alles, was ein Bewerber aus einer Karrierebibel vorbereiten kann, ist sinnlos zu erfragen. Seine Stärken und Schwächen kann mittlerweile jeder Kandidat herunterbeten. Sätze wie „Ich bin zu ungeduldig“ oder „Meine Schwäche ist, dass ich zu perfektionistisch bin“ hören Interviewpartner zuhauf und können dabei wenig Rückschlüsse auf den Bewerber ziehen. Sinnvoller ist es deshalb, sich beispielsweise den Tagesablauf von gestern inklusive aller relevanten Aufgaben schildern zu lassen oder nach den wichtigsten Persönlichkeitseigenschaften und deren Passung zu der neuen Position zu fragen. Bei manchen Stellen und insbesondere bei jungen Bewerbern sind auch Methodenfragen keine unwichtigen Fragen, wie beispielsweise: „Wie organisieren Sie sich? Arbeiten Sie lieber einzelne Aufgaben hintereinander ab oder eher parallel? Nennen Sie bitte ein Beispielprojekt, in dem Sie mehrere Aufgaben parallel verantwortet und koordiniert haben.“

Fragen richtig stellen

Fragen sollten grundsätzlich eine öffnende Funktion haben und nicht so gestellt werden, dass sie mit einem einfachen „Ja“ oder „Nein“ schon beantwortet sind (geschlossene Fragen). Es bieten sich offene Fragen mit „W“ an: wie, warum, wer, wo, was, woher, weil diese Erzählfluss anregen. Was die Reihenfolge der Fragen betrifft, so sollten als „warm-up“ zunächst unproblematischere, öffnende Fragen gestellt werden, um eine Beziehung zum Kandidaten herzustellen, bevor weiter in die Tiefe gegangen werden kann. Offene und zielgerichtete Fragen sind aussagekräftiger als geschlossene Fragen oder solche, die bereits eine Wertung oder Inhalte implizieren. Anstatt zu fragen: „Diese Aufgabe haben sie ja schon einmal gemacht, oder?“ bietet es sich also an zu formulieren: „Welche vergleichbare Aufgabe haben sie schon einmal erfüllt? Können Sie diese näher beschreiben?“

Fragen, bei denen Bewerber erst einmal reflektieren müssen, weil sie diese noch nie erhalten haben, sind die richtigen Fragen, da man hier auch Eindrücke von der Denkweise, der Abstraktionsfähigkeit und der Persönlichkeit der Kandidaten erhält. Auch selbstreflektive Fragen bieten sich sehr gut an, um herauszufinden, ob eine Person auf einer Metaebene über sich selbst nachdenken kann und sich selbst auch im Hinblick auf Führungskompetenzen oder Teamarbeit auch selbstkritisch analysieren kann. Häufig zeigt sich bei diesen Fragen auch inwieweit Kandidaten ihre eigene Motivation oder Beweggründe von anderen überhaupt verstehen können. Gerade der Grad der Reflektionsfähigkeit lässt in unseren Augen starke Rückschlüsse auf die Managementfähigkeiten zu.

Ein weiteres kommunikatives Mittel in der Gesprächsführung sind irritierende Statements, Scherze oder Provokationen à la: „Da haben Sie sich aber ganz schön übernommen oder? Meinen Sie das ernst? Ich nehme an, dass Sie das wahnsinnig gemacht hat oder? Ich nehme einmal an, dass das Ihr Selbstbewusstsein ganz schön angekurbelt hat?" Humor oder Provokationen sollten allerdings auf individueller Basis und ebenfalls authentisch angewandt werden: Bei schüchternen Bewerbern hilft gerade anfangs ein wenig Humor oder erste entspannte offene Fragen. Bei routinierten Vertriebsprofis kann hingegen eine wohlplatzierte Irritation dafür sorgen, auch einmal einen Blick hinter die Kulissen zu erhalten.

Ebenso können Kontraste dabei helfen, Allgemeinaussagen aufzulösen und zu hinterfragen, was Bewerber wirklich denken. Die typische Aussage „Ich bin ein absoluter Teamplayer" kann dann schon einmal in Frage gestellt werden, um herauszufinden, was wirklich hinter diesem Satz steht. Beispiel: „Das ist schön, allerdings zählt bei uns vor allem die Einzelleistung und wird auch als solche belohnt. Wie ist Ihre Meinung dazu?"

Allgemeine oder emotionale Aussagen können im Einzelfall aufgegriffen werden und weiter erörtert werden, wenn sich der Interviewer dadurch einen Einblick in das Weltverständnis oder die Persönlichkeit des Kandidaten verspricht. Beispielsweise durch verneinende Gegenfragen: Kandidat zum Thema Auslandsaufenthalt: „Naja, Sie wissen ja, wie die Franzosen so sind." – Interviewer: „Nein, erklären Sie mir doch, wie die so sind!" Auch Wiederholungen und Zusammenfassungen können dabei hilfreich sein. Kandidat: „Das Projekt war einfach nur schrecklich." – Interviewer: „Schrecklich? Sie empfanden das also als höchst unangenehm, inwiefern?".

Informationen über die Denkweise und Kommunikationsstärke können narrative Fragen erzielen, die den Kandidaten für mehrere Minuten frei erzählen lassen, wie beispielsweise: „Bitte erzählen Sie uns von Ihrer Rolle im Unternehmen und wie sich Ihre Erfolge und Misserfolge in den letzten zwei Jahren auf den Unternehmenserfolg und Ihr Team ausgewirkt haben." Solche Fragestellungen zeigen neben der Art der Vorgehensweise und verbalen Ausdrucksfähigkeit auch die Art und Weise der Entscheidungsfindung und Denkweise auf: Manche Kandidaten werden erst einmal einige Minuten über eine narrative Frage nachdenken und wohlüberlegt antworten, während andere direkt anfangen zu erzählen.

Neben konkreten Fragetechniken sind aber vor allem auch Pausen eine wichtige Technik, um weitere Informationen zu erhalten. Dies klingt einfach, ist aber schwer im Gespräch umzusetzen, da Menschen Gesprächspausen oder Stille während eines Treffens häufig eher als unangenehm empfinden. Wenn Sie also als Interviewpartner gezielt Pausen entstehen lassen und einer Frage nicht gleich eine weitere folgen lassen, wird Ihr Gesprächspartner in der Regel weitere Informationen folgen lassen. Wenn Fragen darüber hinaus einsilbig oder kurz beantwortet werden, bietet sich eine einfache Anschlussfrage an, wie beispielsweise „Und was noch?" Dies kann so lange wiederholt werden, bis die Erörterungen oder Reflektionen des Kandidaten die wesentlichen Informationen beinhalten.

Es gibt noch zahlreiche weitere Ansätze, mit denen Recruiter und Personalverantwortliche ihre Fragetechniken professionalisieren können (vgl. [4]). Wichtig ist, die richtigen Techniken zu kennen und ein Gefühl für deren Anwendung zu entwickeln, um Kandidaten authentisch, aber eben auch unnachgiebig und gewissenhaft auf die erforderlichen Informationen hin zu überprüfen.

7.5 Relevante Kriterien bewerten: Welche Fragen und Signale in welchem Bereich Antworten liefern

Wie bereits erläutert, spielen in Start-ups die allgemeinen Kompetenzen sowie die Persönlichkeit und die Werte eines Kandidaten häufig eine wichtigere Rolle als die spezifischen Kenntnisse – zumindest in der Anfangsphase eines Unternehmens. Dennoch sollten alle 3 Bereiche hinterfragt werden, um ein umfassendes Bild zu erhalten und die Passung bewerten zu können.

Die Untersuchung der fachlichen Eignung ist dabei noch am einfachsten und offensichtlichsten, weil man sich hier auf abrufbares Wissen und Fakten, die bewertet werden können, beziehen kann. Wichtig ist dabei, zwischen dem spezifischen Wissen und der Expertise und den allgemeinen Kompetenzen zu unterscheiden:

Beispielfragen fachliche Eignung – spezifisches Wissen

- Aufgaben und fachspezifische Fragen des Fachbereichs
- Führungswissen
- Welche fachlichen Anforderungen der Stelle haben Sie besonders angesprochen, welche weniger?
- Welche Aufgaben und Verantwortungsbereiche gehörten zu Ihrer vorherigen Tätigkeit?
- Mit welchen spezifischen Tools und Techniken haben Sie bisher gearbeitet?
- Was unterscheidet für Sie einen guten von einem exzellenten Mitarbeiter (Position)?
- Bitte beschreiben Sie eine Situation in der Sie XY angewandt haben?

Beispielfragen fachliche Eignung – allgemeine Kompetenzen

- Analytische Arbeitsweise: Denkaufgaben, Schätzaufgaben
- Prozessdenken: Wann besteht Ihrer Meinung nach die Notwendigkeit, funktionierende Prozesse aufzusetzen? Können Sie uns Beispiele nennen, bei denen Sie bestehende Prozesse oder Instrumente optimiert haben? Wie sind Sie vorgegangen und warum? Auf wessen Initiative?
- Belastbarkeit: An welchem Punkt hatten Sie schon einmal das Gefühl überlastet zu sein und warum? Welches war die schwierigste Situation, die Sie bisher erlebt haben?
- Organisationsstärke: Wie gelingt es Ihnen, eine Vielzahl von Themen zu managen, ohne dabei den Überblick zu verlieren? Wie behalten Sie den Überblick über unerledigte Aufgaben? (Konkretes Beispiel?)

- Führungsstärke: Was sind die zentralen Eigenschaften einer guten Führungskraft? Welche Erkenntnisse haben Sie bisher in punkto Mitarbeiterführung gesammelt? Welche Werte sind für Sie dabei ausschlaggebend? Was ist Ihr persönlicher Führungsstil?
- Flexibilität: Angenommen, unser ... würde für drei Monate ausfallen... wie wäre es für Sie, in einem anderen Bereich Hand anzulegen und einzuspringen?
- Selbstreflektion Persönlichkeit: Wie schätzen Sie sich selbst ein? Wenn Ihre Freunde Sie mit einem Wort beschreiben müssten, welches wäre das?
- Teamfähigkeit: Erfahrungen im Team (Rolle: Chef, Mitmacher, Berater?). Wie muss das Team aussehen, mit dem Sie optimal zusammenarbeiten können?
- Unternehmerisches Denken: Was ist für Ihre Tätigkeit erfolgsrelevant? Welche Einflussfaktoren für das Gesamtunternehmen sehen Sie als entscheidend für den Erfolg an? Was würden Sie mit fünf Millionen Euro machen?
- Emotionale Intelligenz (Empathie, Kommunikation, Netzwerken, Diplomatie...):
- Versetzen Sie sich manchmal in die Lage von anderen, um Probleme besser lösen zu können? Falls ja, können Sie ein Beispiel nennen?
- Kunden- und Qualitätsorientierung: Wie und unter welchen Bedingungen entsteht Ihrer Meinung nach Zufriedenheit?

Die Erfragung der Persönlichkeit fällt den meisten Interviewern in unserer Beobachtung schon schwerer. Hier geht es darum herauszufinden, was einen Menschen antreibt, überhaupt zu arbeiten und welche Beweggründe sein Verhalten auslösen, da diese zu bestimmten Präferenzen in der Arbeitsweise führen, die es zu erfragen gilt. Diese Informationen müssen meist indirekt erfragt werden, da auf die Frage „Was motiviert Sie?“ eher sozial erwünschte Antworten folgen. So bietet es sich eher an zu fragen „Was macht Ihnen an Ihrer Arbeit am meisten Spaß?“.

Auch die Fragen nach den Beweggründen für Entscheidungen oder auch die Frage nach dem optimalen Umfeld, den Zielen des Kandidaten oder den Präferenzen in der Arbeitsweise (starke Interaktion im Team vs. zurückgezogenes Arbeiten, detailorientiertes vs. strategisch umfassendes Arbeiten, minutiöse Organisation vs. Flexibilität in der Aufgabenerfüllung) liefern hier gute Einblicke.

Beispielfragen Persönlichkeit

- Warum stehen Sie morgens auf?
- Weshalb glauben Sie an den Erfolg von X?
- Aus welchem Grund haben Sie sich für Ihre letzte Position entschieden?
- Was macht Ihnen an Ihrer Position am meisten Spaß und warum?
- Welche Art von Anerkennung bedeutet Ihnen am meisten?
- Was bedeutet Erfolg für Sie?
- Was ist Ihnen besonders wichtig für Ihre neue Aufgabe?
- Für was/wen können Sie sich begeistern?

- Wovor fürchten Sie sich beruflich am meisten?
- Welchen Führungsstil brauchen Sie?
- Wie viel Zuspruch oder Lob ist Ihnen wichtig?
- Wo sehen Sie sich beruflich in den nächsten drei bis fünf Jahren?
- Was machen Sie in Ihrer Freizeit gern und warum?

Um die kulturelle Passung eines Kandidaten tiefer zu analysieren bietet sich ein wertebasiertes Interview an. Anhand der Unternehmenswerte und der Kultur können individuelle Fragen entwickelt werden, welche die Werte und Einstellungen des Kandidaten näher beleuchten. Wer sein Employer Branding erfolgreich konzipiert und umgesetzt hat, sollte darüber hinaus bereits Kandidaten im Prozess haben, die viele der Unternehmenswerte auch für sich persönlich als wichtig erachten. Zudem können auch beispielsweise einfach einmal die drei wichtigsten Werte des Kandidaten erfragt werden. Es ist erstaunlich, wie überrascht und auch spontan Gesprächspartner häufig auf eine solche Frage reagieren. Auch Fragen, wie beispielsweise „Was bedeutet Loyalität/ Ehrlichkeit/ Betrug für Sie?", können Aufschluss über die Grundwerte und Einstellungen eines Kandidaten geben.

Beispielfragen Einstellung/ Werte

- An der Unternehmenskultur orientierte, wertebasierte Fragen
- Was sind Ihre drei wichtigsten Grundwerte?
- Was ist Ihnen besonders wichtig im Umgang mit anderen Menschen?
- Was enttäuscht Sie an anderen Menschen am meisten?
- In welchen Fällen verlieren Sie die Beherrschung und warum?
- Was bringt Sie auf die Palme?
- Welche Werte wurden Ihnen aus Ihrem Elternhaus mitgegeben?
- Welche Werte geben Sie an Ihre Kinder weiter?
- Loyalität und Integrität, Offenheit:
  Legen Sie alles offen auf den Tisch: Gibt es Bedenken und Gefühle oder Gründe, die Sie daran hindern könnten, diese Stelle anzunehmen? Welche sind es?
- Ehrlichkeit:
  Mal ehrlich, in welchen Situationen haben Sie schon einmal geblufft und hat es funktioniert? Warum haben Sie wirklich Ihre letzte Position gewechselt?
- Leistungsorientierung:
  Worin liegt für Sie der Unterschied zwischen gut und außergewöhnlich?
  Woran merken Sie, dass Sie Ihr Ziel erreicht haben?
- Ergebnisorientierung
  Wie stellen Sie sicher, dass Sie Ihr gestecktes Ziel erreichen? Können Sie ein Beispiel nennen, bei dem Sie ihr Handeln komplett auf Ihre Ziele ausgerichtet haben?
- Wenn Sie eine Stiftung gründen würden, welche wäre das?
- Was würden Sie mit zehn Millionen Euro machen?
- Wenn Sie nicht arbeiten würden, was würden Sie tun?

Start-up – relevante Kriterien

Es gibt einige Kriterien, die wir für besonders wichtig erachten, weil sie einem Mitarbeiter ermöglichen mit den besonderen Anforderungen im Start-up, insbesondere der Situation, dass es wenig Möglichkeiten für Anleitung gibt, zurechtzukommen. Mitarbeiter im Start-up müssen häufig selbst die Handlungsnotwendigkeit mit Bezug auf einzelne Situationen erkennen, die Problematik analysieren und die richtigen Gegenmaßnahmen einleiten können (und wollen).

Eine wichtige Start-up relevante Eigenschaft ist daher die Eigenverantwortlichkeit, die bestimmt, wie sehr sich jemand in der Verantwortung dafür sieht, gestaltend aktiv zu werden, anstatt sich über die Umstände und Herausforderungen zu beklagen. Nimmt jemand Herausforderungen an und handelt oder beklagt er deren Existenz? Ein eigenverantwortlicher Mitarbeiter handelt zukunfts- nicht vergangenheitsorientiert und stellt sich nicht die Frage „Wer ist schuld?", sondern geht eine herausfordernde Situation immer mit der Einstellung „Es ist, wie es ist – was mache ich daraus?" an. Gelangt ein eigenverantwortlicher Mitarbeiter an Grenzen, stellt er sich die Frage „So geht es nicht, wie geht es dann?". Dadurch entsteht ein hohes Maß an Proaktivität und Problemlösungsfähigkeit, das die Notwendigkeit von Anleitung, Orientierung und Rücksprache für die Erledigung seiner Aufgaben drastisch reduziert. Ein Muss in jeder Start-up – Situation, in der täglich solche Herausforderungen und Grenzen entstehen und kaum Managementkapazitäten verfügbar sind. Fragen Sie daher im Interview am besten einfach einmal nach dem „Warum" in bestimmten Situationen. War zum Beispiel immer ein anderer daran schuld, dass der Mitarbeiter in der Vergangenheit die Positionen räumen musste?

Relevant ist auch die Abfrage des analytischen Denkvermögens von Kandidaten, also der Fähigkeit, Problemstellungen logisch, zahlen- und faktenbasiert zu lösen. Ohne die Fähigkeit zu analysieren, worin die Problematik einer Situation besteht, lassen sich selten exzellente Lösungen entwickeln. In dem Fall hilft dann auch ein hohes Maß an Eigenverantwortung kaum. Oft steht in der Praxis die analytische Fähigkeit der kreativen Begabung entgegen, da Kandidaten sehr selten zeitgleich extrem analytisch und auch überdurchschnittlich kreativ veranlagt sind. Versuchen Sie während der Vorselektion (zum Beispiel durch die Analyse der Logik des Anschreibens) und auch im Gespräch darauf zu achten, wie strukturiert, analysierend und klar ein Kandidat sich artikuliert.

Auch die Ergebnisorientierung und operative Ausrichtung des Arbeitsstils ist für Start-ups wichtig. Wer nur sehr gut delegieren kann und gerne ausschließlich strategisch arbeitet, ist im Start-up meist fehl am Platz, da die Ressourcen solch eine Rolle nicht zulassen. Stattdessen werden Umsetzungsstärke und Flexibilität benötigt, die eben aus der Ergebnisorientierung und der Frage „was wird benötigt, damit wir das Ergebnis erreichen?" entsteht. Das Ereignisdreieck bietet sich hier als Fragetechnik an, um den Einzelbeitrag und das Vorgehen eines Kandidaten zu bestimmten vorherigen Arbeitserfolgen besser zu beleuchten.

Weitere relevante Kriterien sind unternehmerisches Denken, Kommunikationsstärke, Organisationsfähigkeit, Teamfähigkeit und Managementkompetenz. Genau um die Festlegung dieser relevanten Kriterien geht es in der Definition des Anforderungsprofils. Nur wenn diese Definition gut erfolgt, können die Kriterien auch entsprechend abgefragt werden.

Nicht nur die Gesprächsinhalte eines Interviews sind relevant. Auch Botschaften, die der Auftritt und das Verhalten des Kandidaten aussenden, sind zentrale Interviewinformationen, die es neben den Antworten zu beachten gilt. Der Interviewer sollte sich deshalb während des Interviews absolut auf sein Gegenüber konzentrieren und ihn während des Gesprächs anschauen und beobachten: Welchen Ersteindruck macht der Kandidat? Welche Signale sendet er bewusst, welche unbewusst? Sitzt ein Kandidat breitbeinig auf seinem Stuhl und nimmt den Raum regelrecht mit seiner Präsenz ein oder scheint er eher auf seinem Stuhl zu versinken? Passt das, was ein Kandidat erzählt, zum Auftreten? Wirkt der Kandidat insgesamt authentisch oder wird eher eine Rolle gespielt?

Gerade über das Verhalten, also beispielsweise das Auftreten und die Körperhaltung, den Händedruck, die Blickdauer oder die Gestik und Mimik, lassen sich weitere wichtige Rückschlüsse auf Kriterien ziehen. Hier wird jedoch auch vom Interviewer ein sehr hohes Maß an Selbstreflektion gefordert. Jeder Interviewpartner assoziiert mit einem bestimmten Verhalten auch unterschiedliche Dinge, was immer der Einbringung der eigenen Erfahrungsanteile und Motive geschuldet ist. Gleichzeitig gilt, dass das, was jemandem persönlich sympathisch ist, nicht mit der bestmöglichen Passung auf eine spezifische Rolle gleichzusetzen ist. Deshalb ist es auch so wichtig, Interviews mindestens auf einer Vier-Augen-Basis durchzuführen und im Vorfeld konkrete Anforderungskriterien für eine Rolle zu definieren. Entsteht dann durch das Verhalten und die Beobachtung des Kandidaten ein bestimmter Eindruck mit Blick auf ein Kriterium, gilt es ihn aufzunehmen, sich diesen bewusst zu machen und den Eindruck auf Basis der Fragetechnik zu überprüfen.

7.6 Interviewführung: Worauf Interviewer im Gespräch achten sollten

Das Interview ist die erste persönliche Interaktion mit dem Bewerber und dient damit nicht ausschließlich dazu, ein besseres Verständnis für den Bewerber zu gewinnen, sondern auch um dem Bewerber einen ersten Eindruck vom Unternehmen und dem Team zu geben. Neun von zehn Bewerbern nennen das Einstellungsgespräch als wichtigen Entscheidungsfaktor dafür, ob sie für ein Unternehmen arbeiten möchten oder nicht, da die Art und Weise der Interaktion zahlreiche Rückschlüsse zulässt. Dennoch haben nur knapp 60 % der Bewerber in den letzten Jahren überwiegend positive Eindrücke erhalten und knapp sechs von zehn Befragten haben deshalb schon einmal Angebote abgelehnt (vgl. [8]). Dieses Verhältnis steigt in unserer Beobachtung rapide , da nach wie vor zu wenig

Unternehmen das Prinzip der Interaktion auf Augenhöhe beachten, es aber gleichzeitig die wichtigste Grunderwartung im Digitalen Zeitalter ist.

Gerade im stressigen Start-up-Alltag kommt es nicht selten vor, dass Interviewpartner abgelenkt oder desinteressiert im Gespräch wirken, da sie gedanklich schon wieder im nächsten Meeting oder Projekt sitzen, oder noch schlimmer, während des Gesprächs E-Mails bearbeiten oder SMS schreiben. Dies ist natürlich nicht nur ein Gesprächskiller, sondern wirkt sich auch verheerend auf die Employer Brand aus: Das Maß der Wertschätzung des Gegenübers und der Respekt, der einem Kandidaten entgegengebracht wird, lassen starke Rückschlüsse darauf zu, wie die Köpfe des Unternehmens mit ihren Mitarbeitern umgehen. Wertschätzung und Respekt sind die Grundanforderung der Mitarbeiter im Digitalen Zeitalter an ihren zukünftigen Arbeitgeber (siehe Kap. 11), weil es ihnen mittlerweile extrem wichtig ist, in einem Arbeitsverhältnis auf Augenhöhe zu agieren , da dies in allen anderen Lebensbereichen mittlerweile der Normalfall ist und auch im Arbeitsleben daher erwartet wird. Passen die Signale also nicht zu den Erwartungen der Bewerber, werden sie sich eher gegen das Unternehmen entscheiden, da sie nicht davon ausgehen, dass mit ihrer Lebenszeit verantwortungsvoll und in ihrem Sinne umgegangen wird.

Professionalität bedeutet also auch, während des Interviews in erster Regel aufmerksam zuhören zu können und auf seinen Gesprächspartner einzugehen. Gerne erzählen Interviewpartner so viel vom eigenen Unternehmen, dass sie nach dem Interview nicht wirklich mehr von einem Bewerber wissen als zuvor. Natürlich ist es wichtig, das Unternehmen, die Vision, die Ziele und die konkrete Position zu erklären, da sich der Arbeitgeber im Hinblick auf den „War for Talent" eben auch selbst verkaufen muss. Trotzdem sollte darauf geachtet werden, dem Kandidaten auf jeden Fall den Großteil der Redezeit einzuräumen, um ihn auf die richtige Passung überprüfen zu können. Als Faustregel gilt, dass 90 % des Redeanteils beim Kandidaten liegen sollte.

Auf der anderen Seite gibt es in der Praxis natürlich auch Kandidaten, die die Gesprächsführung übernehmen, indem sie sehr viel reden oder das Gespräch zu stark steuern. Wer solch einem Bewerber gegenüber sitzt, darf die Steuerung des Gesprächs nicht verlieren und sollte in diesem Falle auch gerne einmal respektvoll unterbrechen.

In Bezug auf das Auftreten zählt für beide Seiten immer Authentizität. Es bringt nichts, wenn ein warmer und offener Mensch den „bad cop" spielen will. Es wirkt einfach nicht authentisch und damit deplatziert. Ungezwungenheit und Natürlichkeit zahlen sich zudem meist aus, denn entspannte Bewerber erzählen mehr als eingeschüchterte Bewerber und für beide Seiten ist es wichtig, eine Bewertung und Entscheidung auf Basis dessen vorzunehmen, was sie später erleben werden – ansonsten kann es schnell zu unerfüllten Erwartungen und damit Unzufriedenheit auf beiden Seiten kommen.

Verhaltensbasierte Techniken, wie beispielsweise das Spiegeln von Gesprächspartnern, in der Sprache der neurolinguistischen Programmierer auch „pacing" genannt, oder insgesamt die Beziehungsherstellung über non-verbales Verhalten, wie beispielsweise geöffnete Handflächen, ein ruhiges, freundliches und entspanntes Auftreten des Interviewpartners et cetera können dabei helfen, in nur kurzer Zeit eine Vertrauensbasis zu schaffen und damit eine tiefergehende Gesprächsführung zu ermöglichen. Angstinterviews und künstliche Panikauslöser sollten demnach – nicht nur im Hinblick auf die Employer Brand – eher vermieden werden. Eine tiefere Prüfung sollte immer inhaltlich erfolgen.

Zusätzlich gibt es weitere No-gos auf Unternehmensseite zu berücksichtigen: Während eines Interviews dürfen keine leeren Versprechungen hinsichtlich des Gehalts oder späterer Aufstiegschancen innerhalb des Unternehmens gemacht werden, wenn diese nicht realistisch sind. Auch das Gefühl, dass der Job eigentlich schon zugesagt ist, gilt es zu vermeiden. Wertende Formulierungen wie „Das gefällt mir sehr gut!“ oder „Perfekt.“ sollten demnach vorsichtig verwendet werden, insbesondere wenn die Interviewer nicht auch die Einstellungsentscheidung treffen.

Auch zu persönliche Fragen an die Kandidaten sind fehl am Platz. Bestimmte Fragen dürfen ohnehin in der Praxis per Gesetzgebung nicht gestellt werden. Dazu zählen Fragen zu Vorstrafen, Religionszugehörigkeit, Vermögensverhältnissen, Krankheiten oder Schwangerschaften und Heiratswünschen, genauso wie Fragen zur Parteizugehörigkeit, zu öffentlichen oder Ehrenämtern, zur Gewerkschaftszugehörigkeit, zur sexuellen Orientierung oder zu bestehenden Vorstrafen. Solche Fragen fallen unter das Allgemeine Gleichbehandlungsgesetz (AGG) und können bei Nichtbeachtung zu einer Klage führen.

Dennoch bestehen einige Ausnahmen, da es in spezifischen Fällen eine Offenbarungspflicht für Arbeitnehmer gibt: Arbeiten, welche zum Beispiel Verantwortung über hohe Geldbeträge, eine Kasse (CFO, Buchhaltung…), vertrauliche Daten (Finanzen, Personalbereich…) oder mit Rechtsfragen (Anwalt, Notar, Steuerberater) zu tun haben, haben bei Vorstrafen eine Offenbarungspflicht. Auch wenn es sich um absolute Vertrauenspositionen (Geschäftsleitung, Assistenz der Geschäftsleitung) handelt, kann der Arbeitgeber beispielsweise ebenfalls besondere Anforderungen an die Vertrauenswürdigkeit und Zuverlässigkeit stellen. Vor der Anforderung einer solchen Auskunft sollten in der Praxis Einzelfälle noch einmal auf die rechtliche Zulässigkeit überprüft werden.

Auch kandidatenseitig gibt es bestimmte Interview-No-gos: So sollte es eigentlich selbstverständlich sein, sich vor einem Gespräch näher mit dem potentiellen Arbeitgeber beschäftigt zu haben und erste Fragen zu einem Interview mitzubringen. Immer häufiger passiert es jedoch in Interviews, dass Kandidaten sich weder wirklich mit dem Unternehmen beschäftigt, noch eigene Fragen haben. Solches Desinteresse ist in einer Interviewsituation absolut fehl am Platz und sollte in der Regel zum direkten Ausschluss des Bewerbers führen – War for Talent hin oder her. Auch wenn sehr gute Kandidaten heutzutage die Wahl haben, sollte ein hohes Interesse am Unternehmen Voraussetzung für Gespräche sein – alles andere bedeutet ebenfalls mangelnde Wertschätzung und fehlenden Respekt und nimmt daher die Grundlage für eine Begegnung auf Augenhöhe, die dem Kandidaten so wichtig ist, aber nicht einseitig sein darf.

Weitere Argumente gegen einen Kandidaten sind nachweisliche Lügen. Natürlich sind auch die Bewerber in einer Verkaufssituation und werden häufig hier und da auch einmal übertreiben. In Maßen ist dem nichts entgegenzusetzen. Interviewpartner sollten jedoch dahingehend sensibilisiert sein. Trotzdem tritt es in der Praxis leider auf, dass Bewerber in nicht mehr vertretbaren Maß beschönigen: So sind sie vielleicht nicht wie angegeben immer noch bei ihrem letzten Arbeitgeber tätig, sondern schon seit Monaten ausgeschieden, hatten für ein bestimmtes Projekt nicht, wie wiederholt erklärt, die Projektleitung inne oder haben ihr Studium nie, wie angegeben, beendet. Diese Tatsachen an sich sind keine

Ausschlusskriterien, doch die Lüge im Bewerbungsgespräch, beziehungsweise bereits in der Bewerbungsmappe, ist es auf jeden Fall: Wer an Unwahrheiten im Bewerbungsprozess weiterhin festhält, scheidet aus.

Eine weitaus häufiger auftretende Situation ist das Weitergeben von Betriebsinterna oder das ausführliche Schlechtmachen von ehemaligen Arbeitgebern. Egal ob die Umstände der Wahrheit entsprechen oder nicht, Kandidaten, welche vertrauliche Unternehmensinterna ausplaudern oder extrem über ihre Arbeitgeber lästern, sollten aus dem Prozess ausgeschlossen werden. Dies zeugt nicht nur von mangelnder Diskretion und Feingefühl, sondern birgt auch langfristig geschäftsschädigende Risiken: Wer schlecht, beziehungsweise auch einfach zu viel, über seine ehemaligen Arbeitgeber spricht, wird dies mit hoher Wahrscheinlichkeit auch künftig wieder tun. Es gibt in der Praxis durchaus auch diplomatische Wege einem Gesprächspartner zu erklären, warum es in der letzten Position nicht wie erwartet lief.

Zusammenfassend gilt, dass die wichtigste Kompetenz des Interviewers die Kombination aus Hören, Beobachten und Fragen ist, da erst diese drei Dimensionen zusammen Rückschlüsse und damit valide Aussagen auf die Passung eines Kandidaten zulassen.

7.7 Brainteaser, Assessment Center und Case Studies: Warum Auswahl-Tools immer nur so gut wie ihre Planung sind

Brainteaser, Assessment Center und Case Studies sind gängige Auswahl-Tools, um Kandidaten tiefer auf ihre fachlichen und persönlichen Eigenschaften hin zu überprüfen und gezogene Rückschlüsse zu validieren. Gerade bei diesen Auswahl-Tools ist es sehr wichtig, positionsrelevante und auch Start-up relevante Methoden zu wählen beziehungsweise bestenfalls selbst zu entwickeln. Hier ist jedoch Vorsicht geboten, denn gerade bei erfahreneren Bewerbern, oder solchen, für deren Jobs völlig andere Kriterien relevant sind, stoßen HR-Manager mit solchen Auswahlpraktiken häufig auf Unverständnis, da sie in ihren Augen mangelnden Respekt und Misstrauen signalisieren und die schon oft erwähnte Augenhöhe missen lassen.

Auf der anderen Seite gibt es ebenfalls Kandidaten, die Denkaufgaben zwar theoretisch erfolgreich bearbeiten könnten, aber vor lauter Aufregung schwarz sehen oder eben Kandidaten, die auf das Lösen von Denkaufgaben spezialisiert sind, diese im Gespräch zwar lösen, aber im Anschluss trotzdem im Job versagen. Jedes Auswahl-Tool ist immer nur so gut wie seine Planung und die anschließende Bewertung der Ergebnisse: Es muss jeweils im Einzelfall festgelegt werden, für welche Rolle welches Tool überhaupt relevant und angebracht ist und inwieweit die Ergebnisse der Aufgaben die finale Entscheidung beeinflussen.

Professionelle Assessment Center mit mehreren Auswahlstufen, die nicht selten auch psychologische Tests, Logikaufgaben oder ganze „Intelligenztests" beinhalten, sind gerade für kleinere Start-ups häufig zu kosten- und zeitaufwändig, da sie maßgeschneidert entwickelt und durchgeführt werden müssen, um erfolgreich eingesetzt werden zu können. Unterschieden werden kann zwischen Assessment Center, in denen mehrere Bewerber gegeneinander antreten oder nur ein Bewerber das gesamte Assessment Center durchläuft. Dieses recht aufwändige Auswahl-Tool macht nur Sinn, wenn es wirklich maßgeschneidert auf die spezifische Position und das Start-up entwickelt ist und der Stellenbedarf auch so hoch oder regelmäßig ist, dass sich die Entwicklung eines ganzheitlichen Assessment Centers lohnt.

Im Alltag praktikabler und zeit- und kosteneffizienter sind Fallstudien oder verschiedene Aufgabenblöcke, welche anhand der Unternehmenswerte und der fachlichen Anforderungen einer Vakanz individuell erstellt werden können. Fallstudien oder Aufgaben sind nicht nur aufgrund ihrer Situationsbezogenheit und des geringeren Aufwands am wirksamsten, sondern auch weil sie recht schnell überprüfbar sind und somit die Selektion der passenden Bewerber zusätzlich erleichtern.

Auch werte- und motivationsbasierte Fragestellungen können in die Aufgaben Eingang finden. Vor allem die Ergebnispräsentation oder anschließende Diskussion kann noch einmal wertvolle weitere Informationen über den Kandidaten liefern. Dabei empfiehlt sich die Anwendung von passenden Fallstudien oder Aufgaben relativ am Anfang des Auswahlprozesses, entweder bereits vor, während oder direkt nach dem ersten Interview, um den relevanten Kandidatenkreis einzugrenzen, bevor die Gespräche in die Tiefe gehen.

7.8 Referenzgespräche: Warum es sich lohnt, den Informationsprozess zu validieren

Zur letzten Stufe des professionellen und sorgfältigen Screening-Prozesses gehört auch die Verifizierung der bisher eingeholten Informationen in Form von Referenzgesprächen. Auch hierdurch kann die Wahrscheinlichkeit eines Einstellungsfehlers im Vorfeld reduziert werden, kommt es doch häufiger als erwartet vor, dass eine Referenzperson einen Kandidaten aufgrund seines vorherigen Verhaltens oder seiner Leistung für eine bestimmte Position nicht weiterempfiehlt. Gleichzeitig holen nur sehr wenige Unternehmen und Gründer, die wir begleiten, aktiv Referenzen ein, obwohl dies ein sehr effizienter und effektiver Schritt im Screening ist.

Hier bietet es sich an, bereits nach dem ersten oder zweiten Interview den Bewerber nach passenden Referenzen zu fragen beziehungsweise auch zu fragen, wenn sich ein Kandidat nicht gerade höchst vertraulich bewirbt, ob man über gemeinsam existierende Kontakte selbstständig Referenzen einholen darf. In jedem Fall muss der Kandidat über die Referenzeinholung im Vorfeld informiert werden und zustimmen. In der Regel sollten mindestens zwei Referenzen eingeholt werden, die sich auf die fachliche und persönliche Eignung eines Kandidaten für eine bestimmte Position beziehen. Referenzpersonen können beispielsweise momentane oder ehemalige Vorgesetzte aber auch Teammitglieder sein. Die Referenzfragen sollten sowohl zielgerichtet als auch mit dem nötigen Feingefühl gestellt werden, da in diesen Situation häufig ein „Verständnis zwischen den Zeilen" erforderlich ist. Hilfreich können neben dem konkreten Fakten-Check (hat der Kandidat wahrheitsgemäß Auskunft gegeben) auch beispielsweise folgende Fragen sein:

- Gehörte der Kandidat zu Ihren top drei Beschäftigten der letzten zwei Jahre?
- Würden Sie den Kandidaten persönlich wie fachlich uneingeschränkt für diese Position empfehlen?
- Wo sehen Sie noch Weiterentwicklungsmöglichkeiten?
- Vertrauen Sie dem Kandidaten uneingeschränkt?
- Würden Sie den Kandidaten wieder einstellen?
- Um wen sollte man den Kandidaten ergänzen, damit ein gutes Team zusammengestellt ist?

Auf Basis der im gesamten Screeningprozess erhaltenen Informationen inklusive der erfolgreichen Verifizierung der Informationen durch mindestens zwei unterschiedliche Quellen kann nun die Auswahlentscheidung fallen.

Überblick Bewerber-Screening

Phase I: Informationsüberblick
- Bewerberselektion

Phase II: Einholung tieferer Kandidateninformationen
- Telefoninterview – erster allgemeiner Check – Recruiter
- Auswahl-Tool (Fachaufgabe) – Recruiter in Zusammenarbeit mit Fachbereich
- Interview I (hard und soft skills – tiefere fachliche Passung) – Fachbereich
- Interview II (Werte und Einstellung – kulturelle Passung) – Recruiter
- Interview III (Motivation, Verhalten – Rollenpassung) – Fachbereich oder Geschäftsführer
- Gegebenenfalls weitere Auswahl-Tools

Phase III: Verifizierung der Informationen
- Referenzeinholung

Bevor die Entscheidung für oder gegen einen Kandidaten fällt, sollten sich die Interviewer noch einmal häufige Beurteilungs- und Entscheidungsfehler (siehe nächstes Kapitel) bewusst machen.

Zusammenfassung: Screening-Phase

- Verstehen Sie Lebensläufe und andere Bewerbungsunterlagen als stichpunktartigen Überblick der Kandidatengeschichte und überprüfen Sie diese bereits in der Vorselektion bestmöglich auf die Passung mit den drei Kreisen und auf allgemeine Kohärenz.

- Berücksichtigen Sie auch Quereinsteiger bei der Personalauswahl.
- Auch beim Interviewprozess gelten die Anforderungen an Effizienz und Transparenz.
- Für Interviews gilt mindestens ein Vier-Augen-Prinzip, da der Bereichsleiter häufig nur auf Basis der fachlichen Eignung entscheidet.
- Im Idealfall finden mehrere Interviews statt. Die Interviewrollen werden im Vorfeld klar definiert und voneinander abgegrenzt.
- Führungskräfte werden zum zentralen Element der Employer Brand und Entscheidungsgrundlage für Bewerber. Führungskräfte müssen daher auch eng in den Recruiting-Prozess mit eingebunden sein.
- Interviews sollten einer Grundstruktur folgen, die je nach Anzahl und Fokus der Interviews unterschiedliche Schwerpunkte hat. Dabei besteht ein Interview meist aus Fragen zur Biographie und kriterienbasierten Fragen. Das Interviewdreieck stellt hierfür eine geeignete Technik dar.
- Im „War for Talent" gilt es vor allem auch unternehmensseitig einen guten ersten Eindruck zu machen: Dafür müssen die richtigen Interviewrahmenbedingungen geschaffen werden.
- Überprüfen Sie inhaltlich alle drei Bereiche: Fachliche Eignung, kulturelle Passung und Persönlichkeit des Kandidaten in mehreren Interviews.
- Start-up- und positionsrelevante Kompetenzen und Eigenschaften wie beispielsweise Eigenverantwortlichkeit, Analytik oder Umsetzungsorientierung sollten dezidiert untersucht werden.
- Formulieren Sie Fragen zielgerichtet und öffnend.
- Sie können auch Humor, Irritationen, Paraphrasierungen oder assoziative Fragen als Techniken situativ anwenden: Dabei ist Authentizität jedoch sehr wichtig.
- Zusätzliche Auswahl-Tools wie Brainteaser, Assessment Center und Case Studies sollten unternehmens- und positionsspezifisch erstellt werden.
- Fragen und Aufgaben, welche die fachliche Eignung des Kandidaten überprüfen, ohne die ein Bewerber für eine Position nicht in Frage kommt, sollten relativ früh im Screening-Prozess angewendet werden.
- Als Interviewpartner sollten Sie, abgesehen von der Beantwortung von Fragen, vor allem eines: zuhören.
- Etablieren Sie eine Vertrauensbasis zum Kandidaten und beziehen Sie auch non-verbale Aussagen des Kandidaten in Ihre Gesamtbewertung mit ein. Valide, das heißt weitestgehend objektive Rückschlüsse, lassen sich nur auf Basis der Kombination aller erhaltenen Informationen ziehen
- Holen Sie immer mindestens zwei unterschiedliche Referenzen zu den Kandidaten ein, um Ihre Informationen zu verifizieren.

Weiterführende Literatur

1. Adler L (2007) Hire with your head: using performance-based hiring to build great teams, Aufl. 3. Wiley, Hoboken
2. Deutsche Bildung AG (2012) Bewerbungstrends 2012. http://bit.ly/1iQxflU. Zugegriffen: 10. April 2013
3. Jetter W (2008) Effiziente Personalauswahl: Durch strukturierte Einstellungsgespräche die richtigen Mitarbeiter finden, Aufl 3. aktualisierte, überarbeitete und erweiterte Auflage. Schäffer-Poeschel, Stuttgart
4. Knecht S (2013) Erfolgsfaktor Quereinsteiger: Unentdecktes Potenzial im Personalmanagement, Aufl. 2014. Springer Gabler, Wiesbaden
5. Maier N (n.d.) Erfolgreiche Personalgewinnung und Personalauswahl: Von der Personalsuche über die Kandidatenanalyse und Einstellung bis zur Einführung mit zahlreichen Arbeitshilfen und Vorlagen, Aufl 4. PRAXIUM, Zürich
6. Schuler H (2002) Das Einstellungsinterview: Ein Arbeits- und Trainingsbuch. Hogrefe Verlag, Göttingen
7. Schweppe RP, Schwarz AA (2009) NLP Praxis: Neurolinguistisches Programmieren – die besten Techniken und Übungen für die optimale Kommunikation, Aufl 4. Südwest, München
8. Weitzel T et al (2012) Bewerbungspraxis 2012: Eine empirische Studie mit über 10.000 Stellensuchenden und Karriereinteressierten im Internet. Research Report, Otto-Friedrich-Universität Bamberg und Goethe-Universität Frankfurt am Main. http://www.unibamberg.de/fileadmin/uni/fakultaeten/wiai_lehrstuehle/isdl/MS_Bewerbungspraxis_2012.pdf

Entscheidungsfindung und Auswahlfehler

8

Zusammenfassung

Wenn das Unternehmen alle Informationen über die Kandidaten im Bewerbungsprozess eingeholt und bewertet hat, kommt es zum neuralgischen Punkt im Recruiting: der Entscheidung für einen Bewerber. Vor der Auswahl gilt es, sich noch einmal die häufigsten Beurteilungs- und Entscheidungsfehler bewusst zu machen und auf Basis aller relevanten Informationen im Anschluss eine sorgfältige und hochgradig bewusste Entscheidung zu treffen. Auch dabei hilft das theoretische Modell der drei Kreise.

Aber nicht nur die Zusage für einen Wunschkandidaten, sondern auch die wertschätzende Absage der anderen Bewerber, muss das Unternehmen in dieser Phase im Blick behalten, um über einen professionellen Recruiting-Prozess die Arbeitgebermarke weiter zu pflegen.

8.1 Tipps zur Vermeidung von Entscheidungsfehlern: Warum Entscheidungen nicht leicht sind

Entscheidungsfehler treten in jedem Unternehmen auf. Probleme mit neu eingestellten Mitarbeitern können natürlich neben Einstellungsfehlern auch durch mangelnde Management-Kompetenz oder ein fehlendes „Onboarding" entstehen. Nichtsdestotrotz sind früh auftretende Probleme häufig direkt mit der Personalauswahl verbunden, denn Tatsache ist, dass erfolgreiche Personalauswahl eine der schwierigsten Aufgaben in Unternehmen ist. Mit dieser Entscheidung ist immer noch eine extrem hohe Fehlerquote verbunden. Durch die damit ausgelöste hohe Fluktuation und häufig wechselnde Verantwortlichkeiten entstehen jedoch nicht nur direkte Kosten, sondern auch Frustration und Unsicherheit bei den bestehenden Mitarbeitern in Folge von Fehlentscheidungen. Deshalb hilft es, sich als Gründer oder Personalverantwortlicher zumindest die gängigsten Entscheidungsfehler zu

C. Buchheim, M. Weiner, *HR-Basics für Start-ups,* DOI 10.1007/978-3-658-03893-9_8

vergegenwärtigen und diese – kombiniert mit den Informationen aus dem Bewerber-Screening – in die Personalentscheidung einfließen zu lassen. Hierbei lassen sich Verzerrungen in der Wahrnehmung, also unbewusst entstehende, subjektive Beurteilungsfehler sowie Entscheidungsfehler, die aufgrund von Informationsmangel entstehen, unterscheiden.

Beurteilungsfehler sind menschliche Fehler, die in unserer Wahrnehmung und Subjektivität begründet sind: So scheinen manche Kandidaten von Anfang perfekt zu sein, weil sie eine besonders positive Eigenschaft offensichtlich mitbringen. Sie haben uns in den ersten fünf Minuten schon so überzeugt, dass wir eigentlich bereits eine Entscheidung gefällt haben. Eine oder mehrere positive Eigenschaften des Kandidaten überstrahlen dann alle anderen relevanten Informationen und können so zu einer Wahrnehmungsverzerrung und damit verbundenen Beurteilungsfehlern führen. Meist sprechen diese Eigenschaften unbewusst eigene Anteile des Interviewers an. Hier gilt es, dafür sensibilisiert zu sein und immer im Hinterkopf zu behalten, dass ein bis zwei positive Eigenschaften, oder einfach das, was sympathisch wirkt, noch kein Erfolgsgarant für eine spätere erfolgreiche Positionsausfüllung ist – es ist, was es ist: eine positive Eigenschaft. Dieses Prinzip funktioniert in der Praxis aber auch andersherum. Wenn Kandidaten Interviewer an bestimmte Personen erinnern, mit denen sie schlechte Erfahrungen gemacht haben oder in bestimmte negative Hinterkopftheorien oder Vorurteile der Gesprächsteilnehmer fallen, wird auch in diesem Fall in der Regel bereits in den ersten Minuten eine Entscheidung gefällt, die dann nicht mehr so einfach zu revidieren ist. Wahrnehmungsverzerrungen und schnelle Beurteilungen aufgrund von eigenen Vorerfahrungen sollten Interviewer deshalb immer vor Augen haben. Vorurteile und erste Eindrücke sollten beispielsweise in der Praxis dann im Interview bewusst als Hypothese genutzt werden, die der Kandidat bestenfalls im restlichen Verlauf noch widerlegen kann.

Auch Vorabinformationen von vorherigen Interviewpartnern sowie die Reihenfolge der Kandidaten können die Wahrnehmung beeinflussen. Wenn der Lieblingskollege den Kandidaten bereits mental aussortiert hat und dies noch vor dem Interview kommuniziert, so fließen diese Informationen ebenso in die Beurteilung mit ein, wie die Tatsache, dass die Erinnerung an den letzten Kandidaten die an die anderen überstrahlt. Es ist wichtig für alle diese Faktoren sensibilisiert zu sein, um nicht zu vorschnell ein positives oder negatives Urteil zu fällen. Der Anspruch sollte immer sein, während des Interviews offen und objektiv zu bleiben.

Ein starker einflussnehmender Faktor ist die Überlagerung der eigentlichen Einschätzung mit bestehenden „Beziehungsinformationen". Das kann passieren, wenn ein Freund oder Verwandter eingestellt wird oder eine Empfehlung durch einen Netzwerkkontakt erfolgt und dabei keine ordentliche Prüfung stattfindet, weil die Empfehlung als stark genug empfunden wird. Dann gilt häufig das Prinzip „Sympathie schlägt Kompetenz". So positiv sich der Netzwerkgedanke meist auch im Start-up niederschlägt, kann er doch negative Konsequenzen haben, selbst wenn es anfangs funktioniert: Wenn aus dem einstigen Freund der Chef wird und aus dem ehemaligen Kommilitonen der nicht allzu motivierte Mitarbeiter, sind Konflikte vorprogrammiert. Auch Einstellungen aufgrund von Überbewertungen einer bestimmten Hochschule oder einer erfolgreichen gemeinsamen Zusammenarbeit bei einem vorherigen Arbeitgeber sollten gut überlegt sein. Was einmal gut funktionierte, muss nicht unbedingt unter veränderten Bedingungen wieder Erfolg haben. Gerade in diesen Fällen sollten lieber zu viele als zu wenige Teammitglieder den potentiellen Bewerber interviewen, vor allem diejenigen, die zuvor noch keinen Kontakt mit der Person hatten, um eine neutrale Bewertung zu erhalten.

Bereits im Kap. 2 wurde die Unerlässlichkeit eines gut durchdachten Stellen- und Anforderungsprofil im Recruiting-Prozess erläutert. Wird dieser Schritt grob vernachlässigt und fehlen damit die strategischen Vorüberlegungen zum Anforderungsprofil und dem Rollenschwerpunkt, steigt nicht nur der Aufwand im Recruiting (weil geeignete Bewerber häufig gar nicht erkannt werden können), sondern vor allem auch die Wahrscheinlichkeit für daraus resultierende Besetzungsfehler aufgrund von mangelnden Informationen. Denn: Wer nicht weiß, wonach er sucht, kann auch nicht den Richtigen finden.

Auch bei schnellem Wachstum einer Organisation schleichen sich ohne Vorabüberlegung rollenspezifische Fehlbesetzungen ein. Wenn die Organisation wächst und eine rasante Spezialisierung vom Team erwartet wird, zuvor aber vorwiegend Generalisten eingestellt wurden, deren Stärke das allgemeine Aufsetzen der Bereiche ist, ergeben sich ebenfalls Probleme, obwohl die Bewerber fachlich, persönlich und auch kulturell geeignet sind. Sie passen dann zwar grundsätzlich exzellent zum Unternehmen, nicht aber auf die zu besetzenden Rollen. Sind dann noch genügend generalistisch ausgerichtete Rollen offen, können die Mitarbeiter dort eingesetzt werden. Gibt es diese nicht, kann es sogar passieren, dass gerade eingestellte Mitarbeiter wieder entlassen werden müssen.

Dass das Profil und insbesondere die Rolle nicht ausreichend definiert wurden und damit die Grundlage für eine fundierte Entscheidung fehlt, ist nur eine Ursache für Fehler im Auswahlprozess. Ein weiterer Auslöser für Auswahlfehler im Start-up sind Drucksituationen, unter denen Entscheidungen in Aufbauphasen oft getroffen werden müssen. Dabei geht es um Zeitdruck, der durch Investoren, Wettbewerber oder andere harte Zielvorgaben entsteht, aber auch Druck, der sich mit den „Wachstumsschmerzen" entwickelt, wenn die Aufgaben schneller wachsen, als die Organisation nachreifen kann. Dann werden einzelne Personen und Rollen im Unternehmen schnell zum begrenzenden Faktor und erfordern eine weitere und sehr schnelle Besetzung.

Gerade in solchen Situationen steht der Zeitdruck dann konträr zur häufig nötigen 100 % – Passung. So hoch der Druck ist, so schnell laufen dann auch die Einstellungsentscheidungen in der Praxis ab. Leider häufig auch ohne wirklich vom Bewerber überzeugt zu sein. Dann wird der Kandidat eingestellt, der aktuell der Beste in der Auswahl ist, auch wenn er niemanden wirklich begeistern konnte. Davon raten wir ausdrücklich ab (vgl. Kap. 8.3). Die Überlegung, dass in der Probezeit ja jeder innerhalb von zwei Wochen kündbar sei und es deshalb einen Versuch wert sei, ist gefährlich: Zu viele Kosten sind mit der Einstellung, der Einarbeitung und auch der Kündigung, sowie mit den negativen Effekten auf die Teammitglieder und die Kultur verbunden – von den Auswirkungen auf die Arbeitgebermarke ganz zu schweigen. Es sollte daher Aufgabe im Recruiting sein, solche Drucksituationen weitestgehend zu antizipieren, um nicht in die Verlegenheit zu geraten, solche Kompromisse eingehen zu müssen. Auch vor diesem Hintergrund ist eine enge Einbindung von HR ins operative Geschäft so wichtig: ohne Information, keine Antizipation. Auch das 4-Augen-Prinzip reduziert die Wahrscheinlichkeit, dass aus einer Drucksituation heraus falsch entschieden wird, insbesondere wenn der Interviewpartner aus einer anderen Abteilung hinzukommt und den operativen Druck des einstellenden Managers nicht spürt und entsprechend auch nicht in die Entscheidung mit einfließen lässt.

In manchen Situationen lassen sich Kompromisse zugegebenermaßen fast nicht umgehen. Wenn zum Beispiel gerade beim Start des Unternehmens Stellen besetzt werden müssen, aber die Bewerberzahl als logische Konsequenz der Unbekanntheit noch sehr gering ist, muss oft eine Auswahl unter den vorhandenen Bewerbern getroffen werden, auch wenn unter ihnen gegebenenfalls niemand war, der begeistern konnte. In jeder anderen Situation würden wir dringend empfehlen, den Prozess dann nochmals anzustoßen, um weitere Kandidaten zu erhalten. Diese zusätzliche Schleife würde aber in einer sehr frühen Unternehmensphase wenig bewirken und unverhältnismäßig viele der knappen Ressourcen in Anspruch nehmen. In solch einem Fall kann ein Kompromiss die rationalere Entscheidung sein. Wichtig ist, diesen Kompromiss in vollständigem Bewusstsein einzugehen und sehr genau zu beobachten. Zeigt sich im Alltag, dass die Kosten des Kompromisses die Ergebnisse deutlich übersteigen, muss schnell gegengesteuert werden.

8.2 Die beste Übereinstimmung: Warum die Erfüllung eines Kriteriums nicht ausreicht

In der Theorie definiert sich, wie bereits in Kap. 7 erörtert, das am besten passende Profil aus der Schnittmenge der jeweils drei Bereiche des Anforderungsprofils sowie des Kandidatenprofils. Es soll also auch nur derjenige Kandidat eingestellt werden, der fachlich, persönlich und kulturell genau das mitbringt, was die zu besetzende Position im Hinblick auf die Aufgaben, Rollenerwartung und Unternehmenskultur erfordert. Diese Punktgenauigkeit im Recruiting wird umso wichtiger, je größer und reifer ein Unternehmen ist, da mit zunehmendem Wachstum die Rollen auch spezifischer definiert werden können und die operative Tiefe einer professionalisierenden Organisation nur mit punktgenauen Kompetenzen und Expertise möglich ist. Es geht darum, gezielt die richtigen Kandidaten ins Unternehmen zu holen, die für die weitere Entwicklung und Professionalisierung des Unternehmens sorgen. Deshalb reicht es auch nicht mehr aus, dass ein Kandidat persönlich und fachlich viel Richtiges und damit lediglich Potential mitbringt: Die Schnittmengen aus dem Kandidatenprofil und Anforderungsprofil der Stelle müssen in dem Fall bestmöglich deckungsgleich sein, um Besetzungsfehler zu vermeiden (Abb. 8.1).

Die Bewertung eines Kandidaten wäre leicht, müsste man sich nur auf das Fachliche, beziehungsweise die Fähigkeiten eines Bewerbers, konzentrieren. Dann fiele die Entscheidung ziemlich digital aus – entweder der Kandidat entspricht dem, was gesucht wird und wird eingestellt, oder eben nicht. Die Praxis ist jedoch deutlich komplexer, denn wie bereits erläutert, müssen neben dem Fachlichen auch die Persönlichkeit und die Einstellung beziehungsweise die Werte zur Rolle passen.

Fehlt einer dieser Aspekte, wird es keine Deckungsgleichheit geben. Hat ein Bewerber zum Beispiel die fachlichen Fähigkeiten und die richtige Arbeitsweise, teilt er jedoch nicht die Werte des Unternehmens, wird eine eigenständige Tätigkeit unrealistisch, weil

Abb. 8.1 Exzellente Passung

der künftige Mitarbeiter auf Basis des Werteunterschieds ziemlich wahrscheinlich auch konträre Entscheidungen treffen würde und dadurch das Vertrauen fehlt, den Mitarbeiter eigenständig arbeiten zu lassen. Genau dieser Aspekt ist aber im Start-up besonders wichtig. Ist dem Unternehmen beispielswiese Nachhaltigkeit wichtig, dem Mitarbeiter nicht und trifft er entsprechend Entscheidungen, die nur kurzfristig und gegebenenfalls auch nur für ihn sinnvoll sind, führt dies zwangsläufig zu Problemen, insbesondere wenn dieser Mitarbeiter in einer Rolle ist, in der er das Unternehmen repräsentiert. Er ist dann zwar fachlich geeignet und passt persönlich, aber aufgrund des Werteunterschieds, der zu markenkonträrem Verhalten führt, kann er das Unternehmen nicht repräsentieren. Dadurch ist er für diese Rolle ungeeignet, obwohl er sogar die fachlichen Anforderungen erfüllt.

Von Gründern wird gerade die Bedeutung der kulturellen Übereinstimmung häufig unterschätzt, weil sich das fehlende Kriterium anfangs meist nur sehr subtil und nicht so sichtbar zeigt, wie dies im Fall von fehlenden fachlichen Fähigkeiten der Fall ist. Die Vernachlässigung dieses Kriteriums ist aber gleichermaßen die größte Bedrohung für die Kultur des Unternehmens. Sie entscheidet maßgeblich darüber, ob sich Teammitglieder im Unternehmen wohlfühlen und auch binden lassen. Wird dieser Aspekt vernachlässigt, kann sich das verheerend auf die Stimmung im Team und damit auf die Mitarbeitermotivation auswirken. Zappos-Gründer Tony Shieh macht diesen Effekt in seinem Buch „Delivering Happiness" (vgl. [4]) deutlich und erklärt sogar, dass die Vernachlässigung der Kultur der größte Fehler in seinem ersten Unternehmen gewesen sei und er auf Basis dieser Erfahrung besonders großen Wert auf die Kultur bei seiner darauf folgenden Gründung, Zappos, gelegt habe. Diese besondere Kultur hat Zappos im Anschluss weltberühmt werden lassen. Unterschätzen Sie also nicht die Bedeutung dieses Kriteriums.

Passt das Verhalten (Motive, die in einer bestimmten Arbeitsweise resultieren) nicht zur Rolle, die besetzt werden soll, ergibt sich gleichermaßen keine perfekte Besetzung. Dann nützt es auch nichts, dass der Bewerber fachlich alles mitbringt, was benötigt wird und er auch kulturell die Werte leidenschaftlich vertritt: Wenn er den Rollenerwartungen nicht gerecht werden kann, kann er die Position trotzdem nicht optimal ausfüllen. Ein einfaches Beispiel hierfür ist die Rolle eines Rezeptionisten, der grundsätzlich immer der erste Anlaufpunkt für Anrufer oder Besucher ist. Damit ist naturgemäß die Rollenerwartung verbunden, Gesicht und Stimme des Unternehmens zu sein. Hilfreich hierfür ist eine gewisse Extraversion, aus der wiederum Freude an Kontakten und Kommunikation und damit das berühmte Lächeln des Empfangs entsteht. Findet man für diese Rolle jemanden, der vorbildlich Termine koordiniert, die Post bearbeitet und so weiter und auch die Werte des Unternehmens teilt, der aber zeitgleich beispielsweise Berührungsängste im Erstkontakt hat und sehr schüchtern und zurückhaltend auf Besucher reagiert, kann der Mitarbeiter dieser Rolle ganzheitlich nur mit hohem Energieaufwand gerecht werden: Er muss täglich gegen sein eigenes Wesen handeln und wird dadurch wahrscheinlich nicht zu Höchstleistungen auflaufen können, auch wenn er es in einer anderen Rolle könnte. Der Mitarbeiter besetzt damit die falsche Position.

Ähnlich gestaltet es sich, wenn die fachliche Komponente fehlt, das heißt, dass insbesondere die allgemeinen Fähigkeiten nicht für die Erfüllung der Anforderungen ausreichen, der Kandidat aber auf den ersten Blick sofort mit seiner Person und dem, was er sagt überzeugt. Dann hat man einen Mitarbeiter gefunden, der unglaublich gut zum Team passt, der aber große Schwierigkeiten damit haben wird, sich die nötigen spezifischen Inhalte anzueignen, weil ihm allgemeine Fähigkeiten wie Analytik und Reflektion fehlen. Dieser Mitarbeiter wird weder die Ziele erfüllen können, noch hat er eine Chance auf Entwicklung – die Motivation des Mitarbeiters wird damit schon von vornherein boykottiert. Gerade bei Kandidaten, die sofort kulturell und persönlich überzeugen, sollte daher auch die fachliche Passung durch spezifische Interviews oder Tests sorgfältig überprüft werden.

Erfüllt ein Kandidat ein oder zwei der drei Kreise nicht, sollte dem Kandidaten – sofern kein Kompromiss zwingend notwendig ist – abgesagt werden. Wird eines der drei Kriterien nicht erfüllt, der Kandidat aber dennoch eingestellt, kommt es zur Fehlbesetzung. Für derlei Konstellationen lassen sich beliebig viele Beispiele finden. Ihnen ist allerdings immer eines gemein: In der Auswahlentscheidung wurde mindestens ein Aspekt der genannten drei vernachlässigt. Wie bereits in Kap. 7 dargestellt, ist es entsprechend wichtig, alle dieser Aspekte bewusst zu untersuchen, um eine Passgenauigkeit zu garantieren und damit eine exzellente Auswahlentscheidung zu treffen.

Erschwerend für die Bewertung kommt hinzu, dass nicht nur der Status quo bewertet werden muss, sondern auch abgeschätzt werden muss, wie sich sowohl die Rolle als auch der Bewerber bei der hohen Dynamik im Start-up entwickeln werden. Vor diesem Hintergrund werden allgemeine Fähigkeiten sowie Persönlichkeit und Werte umso wichtiger, da sie im Gegensatz zu fachlichem Wissen und Fertigkeiten, kaum beeinflussbar und nur sehr langsam veränderbar sind und damit eine hohe Aussagekraft für künftiges Verhalten haben. Bei jeder Einstellungsentscheidung gilt es daher die Wachstumspläne und das Potential des Mitarbeiters mitzubewerten und nach denjenigen zu suchen, die das maximale Potential mit Bezug auf die relevante Ebene (Spezialist, Manager, Führungskraft) mitbringen. Hierdurch definiert sich Exzellenz: Die Deckungsgleichheit von Stellen- und Anforderungsprofil in Kombination mit dem Maximalpotential für die relevante Ebene Exzellenz definiert sich demnach in unseren Augen nicht über das Potential eines Kandidaten, die höchste Ebene im Unternehmen einzunehmen.

8.3 Die Personalentscheidung: Warum der Bauch meist Recht hat

Eine Frage, die uns häufig gestellt wird, ist inwieweit dem eigenen Bauchgefühl in einer Entscheidungssituation nach einem Interview getraut werden kann und inwieweit dieses Gefühl die Entscheidung für oder gegen einen Kandidaten beeinflussen darf.

Hierzu lässt sich natürlich keine allgemein gültige Antwort geben. Unter Einbezug der bereits erläuterten Beurteilungsverzerrungen empfiehlt es sich aber dennoch, auf die subtilen Botschaften des Bauches zu hören. Warum? Nicht jeder der drei Kriterienbereiche lässt sich gleich tief im Interview überprüfen, insbesondere nicht, wenn die Interviewer wenig Erfahrungen im Führen von Interviews mitbringen. Während Fachliches relativ leicht anhand von Fakten abzuprüfen ist, muss sich der Interviewer bei den anderen Bereichen darauf verlassen, dass er die richtigen Fragen gestellt hat. Die Antworten auf diese Fragen sind wiederum subjektiv interpretierbar, wodurch eine objektiv exakte Bewertung also letzten Endes nicht zu 100 % sichergestellt werden kann.

Die Bewertung des Kandidaten ergibt sich zudem nicht ausschließlich über die Antworten, sondern vor allem auch über die non-verbalen Dimensionen. Gesprächspartner nehmen diese – je nach Ausbildung und Erfahrungshintergrund – mehr oder weniger bewusst auf und interpretieren diese. Häufig ohne sich dabei der Interpretation und Deutung komplett bewusst zu sein. In der Folge entsteht ein Gesamteindruck, der nur zum Teil auf Fakten basiert. Der restliche Anteil ergibt sich häufig unbewusst. Im Grunde genommen ist das Bauchgefühl zu einem Bewerber die Summe der Bewertungen, die sich aus bewusster Bewertung und unbewusster Bewertung aller Dimensionen ergeben. Da sich die zusätzlichen Dimensionen eigentlich nur im persönlichen Kontakt einigermaßen verlässlich bewerten lassen, ist es so wichtig, mit den Kandidaten persönliche Gespräche zu führen. Treffen Sie Bewerber vor einer Entscheidung also immer persönlich und trauen Sie Ihrem Bauch, solange Sie sich eben auch der Beurteilungsfehler bewusst sind.

Wenn bei Entscheidungen Zweifel aufkommen, so ist in der Regel mindestens ein Bereich nicht erfüllt, weshalb dem Kandidaten abgesagt oder ein weiteres Interview veranlasst werden sollte. Auch wenn über jeden Kandidaten natürlich auch rational nach den Interviews diskutiert werden muss, gilt es hier, sich zusätzlich auf das Bauchgefühl zu verlassen. Wenn einer der Interviewer oder mehrere noch Fragezeichen oder ein ungutes Gefühl bei einem Bewerber haben, dann meist nicht ohne Grund. Zwar kann aufgrund unterschiedlicher persönlicher Werte ein Kandidat für unterschiedliche Meinungen und Feedbacks sorgen, wenn jedoch alle drei Kriterien wirklich erfüllt sind, sollten die Interviewer insgesamt auch von dem Kandidaten begeistert und damit überzeugt sein, wenn das Suchprofil klar war und ein Konsens darüber herrscht, nach wem gesucht wird. Das Begeisterungskriterium ist daher eine wichtige Überprüfung im Entscheidungsprozess: Fragen Sie sich immer, ob Sie wirklich begeistert von einem Kandidaten sind, oder ob Sie ihn sich schön reden, weil es passen muss. Wenn Sie zu stark argumentieren müssen oder Sie merken, dass Sie nach Argumenten für den Kandidaten suchen, um andere zu überzeugen, spielen meist fehlende Reflektion, Beurteilungsfehler und Drucksituationen eine Rolle. Hier müssen alle Beteiligten ehrlich zu sich selbst sein. Wenn ein Kandidat nur einigermaßen passt und der Arbeitsdruck so hoch ist, dass die Stelle unbedingt schnell besetzt werden soll, sollten sich Personalverantwortliche nicht belügen. Eine Fehlbesetzung ist mittelfristig immer mit mehr Kosten und Aufwand verbunden als eine zweite Recruiting-Runde, wenn der richtige Kandidat im ersten Anlauf einfach noch nicht dabei war. Gerade in solchen Situationen zahlt sich das Vier-Augen-Prinzip wieder aus, um genau diese Fehler zu vermeiden.

Wenn sich die Beteiligten am Ende des Interviewprozesses ausgetauscht haben und von einem Kandidaten begeistert sind, kann die Entscheidung getroffen werden. Hier ist es wichtig, einen Prozess für den Austausch nach den Interviews zu etablieren, damit auf Basis der frischen Eindrücke und Bewertungen der unterschiedlichen Interviewteilnehmer eine klare und zügige Entscheidung durch den Verantwortlichen getroffen werden kann. Die Gründer sollten in diesem Abstimmungsprozess so lange wie möglich involviert sein, aber auch nur so lange, wie sich der Prozess dadurch nicht maßgeblich verlangsamt. Gerade an dieser Stelle im Prozess ist der richtige Mix aus Gelassenheit und Geschwindigkeit wichtig: Nehmen Sie sich die Zeit, die Entscheidung abzustimmen und treffen Sie vor allem gegenüber Kandidaten keine vorschnellen Aussagen, seien Sie aber zügig mit dem Einholen der Zustimmung und der Abstimmung.

Schnelligkeit bedeutet aber nicht Hast: Personalentscheidungen sollten nie übers Knie gebrochen werden, auch wenn alle Interviewer von einem Kandidaten begeistert sind. Es ist essentiell, die Entscheidung noch einmal eine Nacht zu überschlafen und erst wenn alle Interviewer dann nach wie vor davon überzeugt sind, dass die Besetzung auch genau dieser Stelle mit dem Bewerber eine exzellente Wahl ist, sollte dem Bewerber ein Angebot gemacht werden (vgl. Kap. 9).

Dabei gilt auch, dass jede Entscheidung jeweils für oder gegen einen spezifischen Kandidat gefällt werden sollte – unabhängig von den Alternativen. Die Fragen sollten also sein: „Würden wir diesen Kandidaten einstellen, wenn es der einzige Bewerber wäre? Finden wir ihn nur so gut, weil die anderen so schlecht waren?" Nicht den besten Kandidaten der Auswahl zu nehmen, wenn davon keiner begeistert ist, sondern sich für die exzellente Übereinstimmung aller Kriterien zu entscheiden, bedeutet die Grundlage für ein erfolgreiches Retention Management zu schaffen (vgl. Kap. 11).

8.4 Kandidaten absagen: Warum drei Regeln beachtet werden müssen

Mit der Freude über den neu gefundenen Mitarbeiter werden die restlichen Bewerber im Prozess nicht selten vergessen, was sich überaus negativ auf das Arbeitgeberimage und damit künftiges Recruiting auswirken kann, weil es dem Bewerber signalisiert, dass er nur Mittel zum Zweck war. Die lückenlose Absage der anderen Kandidaten sollte daher auf jeden Fall im Recruiting-Prozess abgesichert werden. Auch für das langfristige Talent Management ist dieser Punkt wichtig, da grundsätzlich passende Kandidaten für spätere Vakanzen im firmeneigenen Talent-Netzwerk aufgenommen werden können (vgl. auch Kap. 5.3). Dies gelingt jedoch nur über eine respektvolle und vor allem zeitnahe Rückmeldung an die Kandidaten – und zwar an ausnahmslos jeden.

Es sollte das Ziel sein, trotz einer Absage einen Fan zu behalten oder sogar zu gewinnen, in dem man im Sinne des Kandidaten kommuniziert. Abgesagte Kandidaten als Unterstützer zu gewinnen, ist die Königsdisziplin mit Blick auf die Employer Brand. Bei Absagen gelten drei Regeln: Immer absagen, richtig absagen und zum richtigen Zeitpunkt absagen.

Warum ist es wichtig, immer abzusagen? Für Sie mag eine Absage nur eine E-Mail oder ein Anruf sein. Für den Bewerber bedeutet diese Rückmeldung deutlich mehr, weil sie den weiteren Werdegang bestimmt. Aus diesem Grund erwarten Bewerber mit Spannung eine Antwort und involvieren meist auch ihr enges Netzwerk. Freunde, Bekannte und Verwandte fragen dann nach, ob es geklappt hat und wie der Prozess verlaufen ist. Hat sich das Unternehmen jedoch nicht zum vereinbarten Zeitpunkt oder nie zurückgemeldet, wird dies auch entsprechend mit dem Netzwerk geteilt. Eine ausgebliebene Rückmeldung wird somit dann das Firmenimage beschädigen, denn es geht nicht nur ein Kandidat verloren, sondern auch wiederum ein Teil seines Netzwerks.

Achten Sie daher auf Verbindlichkeit in der Kommunikation. Verbindlichkeit bedeutet zu sagen, was man tut, zu tun, was man sagt und rechtzeitig Bescheid zu geben, wenn Zusagen nicht eingehalten werden können. Wurde zum Beispiel eine Rückmeldung für Freitagmittag versprochen, aber die Entscheider kamen noch nicht zusammen, muss dennoch eine kurze Rückmeldung gegeben werden, dass sich die Aussage bis Montag verzögert. Eine kleine Maßnahme, die den relevanten Unterschied in der Antwort auf die Frage „Und, hast Du schon eine Rückmeldung?" macht. Wurde die Rückmeldung versprochen und blieb aus, wird der Bewerber jedem, der nachfragt, dies auch kundtun. Das wären über ein Wochenende betrachtet im Zweifelsfall sehr viele Kontakte. Geben Sie am Ende eines Gesprächs daher immer eine Aussage zum weiteren Vorgehen und zum Zeitpunkt der Rückmeldung und halten Sie ihn unbedingt ein.

Wie sagt man nun richtig ab? Für Bewerber, die vor der Interviewrunde aus dem Prozess fallen, sollte eine Absagevorlage entwickelt werden, die gleichzeitig wertschätzend, authentisch und dennoch klar ist. In den Entwurf dieser Vorlage kann man durchaus etwas Zeit investieren, da sie an viele Bewerber gehen wird, die an dieser Stelle ansonsten gleich doppelt enttäuscht werden können. Wenn Bewerber nicht nur durch das Ergebnis, sondern auch noch durch einen schlechten Prozess enttäuscht werden, wird dem Ärger im

Zweifelsfall Luft gemacht. Dadurch entwickelt sich zügig negative Mund- sowie Netzpropaganda und das Arbeitgeberimage kann durch einen an sich banalen Prozessschritt starken Schaden nehmen.

Inhaltlich ist es bei einer Absage wichtig, das Allgemeine Gleichbehandlungsgesetz (AGG) zu beachten, sich also in der Formulierung nicht auf Geschlecht, Alter, Religion, Herkunft etc. zu berufen. Die Grundaussage einer Absage sollte immer lauten, dass die Fähigkeiten des Bewerbers nicht auf das Stellenprofil gepasst haben beziehungsweise, dass jemand mit einer noch besseren Passung für die Stelle gefunden wurde. Gleichzeitig ist es jedoch nicht ratsam, aus Angst vor dem AGG, nur noch Standardabsagen zu formulieren. Der Kandidat erwartet – insbesondere nach persönlichen Gesprächen – eine echte Auseinandersetzung mit den Fähigkeiten und ein klares Feedback. Es muss also das richtige Maß an Informationen bei einer Absage gewählt werden, auch wenn grundsätzlich kein Auskunftsanspruch seitens des Bewerbers besteht. Nehmen Sie sich die Zeit für eine persönliche Nachricht – es lohnt sich.

Absagen richtig formulieren

Für Absagen an Kandidaten, die es bis in die Interviewrunde geschafft hatten, gilt es besondere Regeln zu beachten, weil man hier von der Standardabsage abweicht:

- **Feedback durch die richtige Person**: Sobald persönliche Interviews mit dem Manager stattgefunden haben, sollte er auch die Entscheidung kommunizieren.
- **Feedbackformat**: Haben bereits mehrere persönliche Gespräche stattgefunden, erwartet der Kandidat in der Regel auch persönliches Feedback. Eine E-Mail reicht in diesem Fall nicht mehr aus und wäre kein Signal der Wertschätzung.
- **Empathie**: Je besser sich der Absagende in sein Gegenüber hineinversetzt, umso besser können **Botschaften** formuliert werden. Fragen Sie sich einfach, was Ihnen in welcher Form gesagt werden müsste, damit sie die Entscheidung nachvollziehen und akzeptieren könnten und formulieren Sie entsprechend.
- **Richtige Formulierung**:
  - Mit dem Positiven beginnen, Stärken herausstellen.
  - Den relevanten Punkt, der zur Absage geführt hat, benennen.
  - Bestenfalls mit konkreten Beispielen untermauern.
  - Zwischen Wahrnehmungen und Interpretationen unterscheiden: Das Feedback gibt ein Fremdbild der Interviewer wieder, keine absoluten Wahrheiten (daher Ich-Botschaften statt Du/Sie-Botschaften wählen, z. B. „Ich habe folgendes wahrgenommen" oder „uns hat gestört, dass….". Diese Art der Formulierungen werden nicht als Angriff gewertet, da es sich um persönliche Meinungen handelt, während Aussagen direkt angreifen).
- **Tipps**: Bestenfalls schließen Sie mit Empfehlungen für eine Entwicklung/Verbesserung ab. Feedback nimmt jeder Kandidat gerne an und ist positiv beeindruckt, wenn das Unternehmen sich die Zeit nimmt, einen wertvollen Vorschlag zu machen.

Der dritte Aspekt, den es bei Absagen zu beachten gilt, ist der richtige Zeitpunkt. Auch hier gilt es den Mittelweg zu finden, um weder zu schnell noch zu langsam zu sein. Gerade bei den Kandidaten, die nach der Sichtung der Unterlagen schon aus dem Prozess fallen, ist es wichtig, nicht zu schnell eine Absage zu schicken. Wer schon eine Stunde nach dem Eingang der E-Mail-Bewerbung eine Standardabsage erhält, geht davon aus, dass die Bewerbung gar nicht richtig geprüft wurde, was kein besonders gutes Signal sendet. Zu lange sollte man ebenfalls nicht warten. Wenn über mehrere Wochen hinweg keine Aussage getroffen werden kann, sollten Sie sich ohnehin fragen, an welcher Stelle im Prozess das Problem liegt und gegensteuern. An den Kandidaten sollte dann zumindest eine Zwischenmeldung zum Prozessstatus gehen.

Bei den Kandidaten, die im Interviewprozess waren und klar ist, dass sie nicht in die engere Auswahl kommen, sollte man direkt absagen, wenn die Entscheidung gegen sie gefallen ist. Spätestens wenn die Top-drei-Kandidatenauswahl steht, sollte man aber allen anderen absagen. Mit Blick auf die Top-drei-Auswahl selbst empfiehlt es sich, wenn alle drei begeistert haben, mit der Absage der zwei weiteren Kandidaten so lange zu warten, bis der Wunschkandidat auch unterschrieben hat. Sobald diese Zusage eingegangen ist, sollte man den beiden anderen Kandidaten persönlich absagen.

8.5 Nach der Fehlentscheidung: Warum eine schnelle Korrektur wichtig ist

Der im Vorstellungsgespräch extrem harte und unnachgiebige leitende Manager entpuppt sich plötzlich als konfliktscheu und passiv, der neue Chef des Vertriebs fokussiert seine Energie plötzlich lieber auf andere Tätigkeiten als auf den zügigen Aufbau seiner Abteilung, die neue Operations Managerin verabschiedet sich bereits am ersten Arbeitstag mit einer Krankschreibung für die nächsten Monate, der lang gesuchte Personalchef arbeitet überraschenderweise lieber mit Zahlen als mit Menschen und der neue Kundenbetreuer hat Angst vor dem Telefonieren. Jeder Geschäftsführer und Personaler musste schon ähnliche Erfahrungen machen und sich überrascht fragen, wie die Kandidaten im persönlichen Gespräch so hervorragend überzeugen konnten und sich nun trotzdem nicht die erhofften Resultate einstellen.

Bei der Fülle an Dingen, die es für die perfekte Auswahl zu beachten gilt und die gleichzeitig auf die Auswahlentscheidung Einfluss nehmen, ist davon auszugehen, dass Auswahlfehler geschehen. Sie lassen sich kaum vermeiden, da die Persönlichkeit eines Menschen sehr komplex ist und kaum im Rahmen von wenigen Interviews vollständig erfasst werden kann. Hinzu kommt, dass auch die Persönlichkeit und Situation des Interviewers für die Entscheidung eine wichtige Rolle spielt und nicht immer vollständig berücksichtigt wird. Ein gewisser Druck herrscht dabei immer und 100 %ige Reflektion ist in der Praxis kaum möglich. Es ist daher völlig natürlich, dass Auswahlfehler geschehen, auch wenn es das Ziel sein sollte, diese und die damit verbundenen Kosten zu vermeiden. Dass Fehler in der Auswahl geschehen, kann man sich nicht vorwerfen. Fehler gehören dazu und entstehen, egal wie gut man ist oder den Prozess meistert, da Entscheidungen meist unter Unsicherheit getroffen werden müssen. Der eigentliche Fehler liegt damit nicht unbedingt in der Auswahl, sondern in einer ausbleibenden Korrektur der Fehlentscheidung, wenn sie erkannt wird.

Wenn nach den ersten Wochen der Zusammenarbeit erkannt wird, dass der neue Mitarbeiter, entgegen aller Erwartungen, nicht der Richtige ist, gilt es, schnell zu handeln: Handeln bedeutet in diesem Fall zu überprüfen, worin genau das Problem besteht. Passt der Mitarbeiter fachlich und persönlich nicht auf die Rolle oder passt er kulturell nicht, sodass ein Wertekonflikt entsteht? Passt er fachlich oder persönlich nicht auf die Rolle, sind aber die Werte im Einklang mit denen des Teams oder Unternehmens? Gibt es die Möglichkeit andere Rollen innerhalb der Organisation zu testen? Passen dagegen die Werte nicht in das Unternehmen, so dass kontinuierlich kaum lösbare Konflikte entstehen, gibt es wenige Möglichkeiten für eine weitere Zusammenarbeit.

Meist verfestigt sich ein erster Eindruck nach einer Fehlentscheidung sehr schnell, dennoch wird in der Regel auf eine Besserung gehofft und gewartet. Wichtig ist allerdings, nicht zu lange mit einer Fehlerkorrektur zu warten oder sie gar ganz aufzuschieben, obwohl der Fehler erkannt wurde. Spätestens mit dem Ablauf der Probezeit muss die Besetzungsentscheidung noch einmal gezielt hinterfragt werden. Wenn dieser Schritt unterbleibt, wird die Motivation des ganzen Teams gefährdet. Denn wenn der Mitarbeiter nicht in der richtigen Rolle positioniert ist, wird er kaum sein volles Potential nutzen können, wodurch Unzufriedenheit entsteht: beim neuen Mitarbeiter, beim Manager und auch im Team. Kommen Wertekonflikte hinzu, steigen Frustration und Auseinandersetzungen im Team. Die Energie, die eigentlich ins Produkt oder die Dienstleistung fließen sollte, fließt dann nach innen ab und verpufft. Obwohl das Unternehmen formal einen Mitarbeiter mehr hat und natürlich auch bezahlen muss, steigt die Produktivität nicht, sie sinkt gegebenenfalls sogar. Ein Fakt, den sich gerade Start-ups nicht leisten können, und damit ein wichtiger Grund, Besetzungsfehler zügig, konsequent und professionell zu korrigieren.

Zusammenfassung: Entscheidungsfindung und Auswahlfehler

- Interviewer müssen für Beurteilungsfehler und Entscheidungsfehler sensibilisiert sein, um die bestmögliche Personalentscheidung treffen zu können.
- Strategisches Recruiting antizipiert und vermeidet Drucksituationen – so können Fehlentscheidungen umgangen werden.
- Lassen Sie sich nie von einzelnen Annahmen bei einer Auswahlentscheidung leiten, nehmen Sie stets eine komplette Bewertung des Bewerbers vor, idealerweise unter Hinzuziehen eines Dritten, der keinen operativen Druck im relevanten Feld spürt.
- Die beste Übereinstimmung ist gegeben, wenn man den Bewerber gefunden hat, der fachlich, persönlich und kulturell genau das mitbringt, was die zu besetzende Position mit Blick auf Aufgaben, Rollenerwartung und Unternehmenskultur erfordert – er ergibt sich aus der Überlagerung der Schnittmengen aus Stellen- und Anforderungsprofil.

- Legen Sie Wert auf Exzellenz: Start-ups brauchen exzellente Mitarbeiter, die bei schnellem Wachstum mitwachsen können.
- Exzellenz definiert sich über die Deckungsgleichheit und das nötige Maximalpotential in Relation zur Ebene, nicht zwangsläufig über das Potential eines Kandidaten, die oberste Ebene einnehmen zu können.
- Verlassen Sie sich bei der Bewertung eines Kandidaten auf ihr Bauchgefühl: Meist integriert es mehrere Dimensionen, die das Bewusstsein nicht erfasst.
- Stellen Sie sich vor einer Auswahlentscheidung immer die Frage, ob sie wirklich vom Kandidaten begeistert sind.
- Brechen Sie Personalentscheidungen nie übers Knie und lassen Sie zwischen Interview und Entscheidung mindestens eine Nacht verstreichen, um eine wohlüberlegte Entscheidung zu gewährleisten.
- Ist kein Kandidat in der Auswahl, der begeistert, starten Sie eine zweite Recruiting-Runde.
- Auswahlfehler sind normal und gehören dazu. Der eigentliche Fehler liegt in einer ausbleibenden Korrektur der Fehlentscheidung.
- Bei der Absage der anderen Kandidaten gelten drei Regeln: Immer absagen, richtig absagen und zum richtigen Zeitpunkt absagen.
- Das Ziel einer Absage muss immer sein, niemand unzufrieden oder enttäuscht zurück zu lassen und bestenfalls einen Fan zu gewinnen.

Weiterführende Literatur

1. Adler L (2007) Hire with your head: using performance-based hiring to build great teams, Aufl. 3. Wiley, Hoboken
2. Bents R, Blank R (n.d.) Der M.B.T.I. Claudius, München
3. Collins J (2001) Good to great: why some companies make the leap… and others don't. HarperBusiness, New York
4. Hsieh T (2010) Delivering happiness: a path to profits, passion, and purpose, Aufl 1. Business Plus, New York
5. Reiss S (2009) Das Reiss Profile: Die 16 Lebensmotive. Welche Werte und Bedürfnisse unserem Verhalten zugrunde liegen, Aufl 3, 2013. GABAL, Offenbach

Teil III
Closing, Onboarding und Retention

Angebotsphase und Closing

9

Zusammenfassung
Mit der Einstellungsentscheidung ist die erfolgreiche Besetzung der Position noch nicht in trockenen Tüchern: Der Wunschkandidat muss zeitnah ein abgestimmtes und professionelles Angebot erhalten. Während der Verhandlungsphase muss der Prozess mit dem Kandidaten gut moderiert und insbesondere gut kommuniziert werden, bis der Vertrag letztlich beidseitig unterschrieben ist. Gerade bei diesen letzten Schritten gibt es neuralgische Punkte, auf die man achten sollte, um die Besetzung nicht auf den letzten Metern zu der Zielgeraden zu gefährden.

9.1 Zusage und Angebot: Warum Schnelligkeit und Professionalität zählen

Ein Angebot alleine garantiert noch keine Zusage, deshalb gilt es auch hier wichtige Schritte zu beachten, um die Erwartungshaltungen von Kandidaten- und Unternehmensseite bereits im Vorfeld bestmöglich abzugleichen und damit spätere Enttäuschungen oder einen Absprung des Kandidaten auf den letzten Metern zu vermeiden. In dieser Phase sind Schnelligkeit und Professionalität entscheidend, um einen erfolgreichen Abschluss zu gewährleisten und motiviert in die gemeinsame Zusammenarbeit zu starten. Der Entscheidungsverantwortliche muss in diesem Zuge die Konditionen definieren und abstimmen, zu denen ein Angebot an den Kandidaten Sinn macht, so dass der Kandidat zeitnah nach der Entscheidung (vgl. Kap. 8) informiert werden kann. Was sollte also alles in einem gelungenen und professionellen Angebot enthalten sein?

Die Erwartungen des Kandidaten an seinen neuen Arbeitgeber hinsichtlich des Gehalts, der besprochenen Position, des Titels und seiner Entwicklungsmöglichkeiten sollten genauso für die Erstellung des Angebots berücksichtigt werden, wie auch die Aufhängung

C. Buchheim, M. Weiner, *HR-Basics für Start-ups,* DOI 10.1007/978-3-658-03893-9_9

und inhaltliche Zielsetzung der Position innerhalb des Unternehmens. Falls diese Punkte nicht genügend behandelt werden, besteht die Möglichkeit des vorzeitigen Prozessabbruchs, da bestehende Erwartungen gegebenenfalls enttäuscht oder einfach gar nicht adressiert werden. Auf solch einer Basis kann keine konstruktive, gemeinsame Arbeitsbeziehung entstehen. Solche Abbrüche sind besonders ärgerlich, da die Suche an dieser Stelle häufig neu begonnen werden muss (insbesondere wenn anderen passenden Kandidaten zu vorschnell abgesagt wurde) und damit noch einmal Zeit und Geld investiert werden müssen. Somit ist ein umfassendes und professionelles Angebot ein wichtiges Signal im Prozess, das man gut setzen sollte, denn der Verlust von Bewerbern an dieser Stelle schlägt fast am härtesten zu Buche.

Natürlich ist die Vergütung ein zentraler Aspekt des Angebots. Hier ist es nicht wichtig, die Gehaltserwartungshöhe des Kandidaten punktgenau genau zu treffen, im besten Falle steigt der Arbeitgeber leicht darunter ein und integriert dann eine Entwicklungsstufe nach der Probezeit, um noch einen weiteren Motivationspfeiler aufzustellen, der direkt an die Mitarbeiter-Performance gekoppelt ist. Trotzdem sollte hier auch nicht zu hoch gepokert werden: Wer das Angebot zu niedrig gestaltet, sendet dem Kandidaten ein schlechtes Signal in Richtung Mitarbeiterwertschätzung und läuft Gefahr, den Bewerber vor den Kopf zu stoßen und zu verlieren. Ausschlaggebend sollte hier nicht nur das Marktniveau sein, sondern auch der erwartete Mehrwert, welcher dem Unternehmen durch Einsparungen an anderer Stelle, Wissenszuwachs, schnelleres Umsatzwachstum oder Ähnliches entsteht. Vor diesem Hintergrund sollten hier auch Überlegungen zu der Höhe des Fixgehalts und zum erfolgsabhängigen Anteil sowie eine eventuelle Vergütung über Anteile miteinfließen. So macht bei Start-ups in Frühphasen beispielsweise eine solche Aufteilung Sinn, da anfangs häufig nur ein relativ niedriges Fixgehalt gewährt werden kann und unternehmerische Talente durchaus über Anteile motivierbar sind. Gleichzeitig sollten Anteile nicht zu vorschnell und mit der Gießkanne verteilt werden, da nicht für jeden eine Unternehmensbeteiligung attraktiv ist. Ein erfolgsgebundener Bonus kann in solchen Fällen nachhaltiger motivieren und so im Interesse aller Beteiligten sein. Dabei ist eine erfolgsabhängige Vergütung natürlich breiter und risikoloser umzusetzen, als eine Vergütung mit Unternehmensanteilen, die in der Praxis – je nach Investorenzusammensetzung und Finanzierungsrunde – meist dem Gründerteam und wenigen erfolgskritischen Unternehmenspositionen vorbehalten ist. Um die Komponenten des Angebots richtig zusammenstellen zu können, ist es wichtig, die Persönlichkeit und Motivation eines Kandidaten in den Gesprächen und ebenfalls seinen Erwartungswert mit Blick auf das Angebot in den Interviews zu erfragen.

Auch die Verteilung der Gehälter innerhalb des Unternehmens sollte bei der Angebotsabwägung eine Rolle spielen: Extreme Gehaltsausreißer sprengen das Gehaltsgefüge sowie die Budgets. Gute Kandidaten wollen nicht zwangsläufig überdurchschnittlich viel Gehalt, es kommt immer auf das Gesamtangebot und implizit um die signalisierte Wertschätzung an. Dennoch sollte es – abgesehen von unerfahrenen Berufseinsteigern – auch zu denken geben, wenn ein Kandidat im Vergleich zu vermeintlich guter Expertise extrem wenig Gehalt fordert, weil dies beispielsweise Rückschlüsse darauf zulässt, dass er höhere

Forderungen in der Vergangenheit nicht durchsetzen konnte und dies Zweifel entstehen lässt.

Die Angebotshöhe sollte, wenn nicht zuvor bereits geschehen, mit der Personalabteilung oder der Geschäftsführung abgestimmt werden, da diese Bereiche einen Überblick über die relevanten Budgets und das Gehaltsgefüge besitzen und somit auch beurteilen können, welche Vergütung sinnvoll ist und zum bestehenden Team passt. Was die Titel betrifft, so sollte diese Entscheidung, falls sie nicht bereits schon feststeht, nicht leichtfertig gefällt werden: Mitarbeiter sind häufig motivierter, wenn sie eine Entwicklungsperspektive erhalten, also ein Ziel haben, auf das sie hinarbeiten können. So macht es, gerade bei jüngeren Kandidaten, häufig Sinn, nicht direkt den höchstmöglichen Titel zu vergeben, um damit weiteren Entwicklungsspielraum zu schaffen. Zudem ist es häufig genug in Start-ups so, dass bei sehr schnellem Wachstum Mitarbeiter nicht schnell genug mitwachsen können und somit wenig sinnvolle, noch höhere Titel erschaffen werden müssen, wenn ein neuer Vorgesetzter für den Bereich im Zuge des Wachstums hinzugeholt wird. Alternativ müssten aktuelle Mitarbeiter degradiert werden, will man den höchsten Titel nicht verändern, was de facto kaum ohne Motivationsverluste und Kündigung des Mitarbeiters möglich ist. Titelinflation erhöht damit auch die Wahrscheinlichkeit für Frustration und Fluktuation.

Zu den relevanten Punkten des Vertragsangebots gehören neben der Vergütung und dem Titel natürlich auch alle weiteren Informationen rund um den Arbeitsvertrag, wie beispielsweise das Startdatum, die Befristung, die Kündigungsfristen, die Dauer der Probezeit, Urlaubstage, Wettbewerbsverbot et cetera. Besonders relevant und in der Praxis aufgrund von Zeitgründen häufig missachtet sind jedoch insbesondere die inhaltlichen Informationen und damit der Erwartungsabgleich. An welcher Stelle ist die Position im Organigramm angesiedelt? Was genau umfasst die Rolle, was sind Aufgaben, was genau die Ziele für die nächsten drei bis sechs Monate? Was sind die Entwicklungsziele der Position? In dem Moment, in dem der Kandidat kontaktiert wird, sollten diese Fragen ebenfalls direkt beantwortet werden können, um dem Bewerber Orientierung, Sicherheit und vor allem auch die nötige Wertschätzung entgegenkommen lassen zu können. So wird bereits mit dem Vertragsangebot die Grundlage für ein erfolgreiches Mitarbeiter-Onboarding und Erwartungsmanagement geschaffen. Sinnvoll ist an dieser Stelle, dass der künftige Führungsverantwortliche für diese Inhalte verantwortlich zeichnet, da auch dieser im Erwartungshaltungsgespräch oder Management-Onboarding mit dem neuen Mitarbeiter diese Inhalte noch einmal näher diskutieren und definieren wird (vgl. Kap. 10).

Im Anschluss wird das Angebot entweder von einem HR-Verantwortlichen, im besten Falle aber direkt von dem künftigen Vorgesetzten, mündlich an den Kandidaten kommuniziert sowie im Anschluss schriftlich zusammen mit dem Arbeitsvertrag an den Kandidaten verschickt. Wichtig ist hier eine klare Rücksendungsfrist des Vertrages festzulegen, um von dem Kandidaten nicht hingehalten zu werden und damit ein klares Commitment zu erhalten. Gerade der Generation Y ist die Auswahl des richtigen Angebots unter mehreren Möglichkeiten besonders wichtig, so dass es durchaus vorkommen kann, dass Bewerber Angebote annehmen und dann kurz vor ihrem Start absagen oder das Angebot zunächst mündlich annehmen und dann jedoch die Unterschrift des Vertrages hinauszögern oder sich zurückziehen. Eine klare Kommunikation ist daher in der Angebotsphase wichtig. Falls die Antwort nicht in der kommunizierten Zeit erfolgt, sollte beim Kandidaten noch einmal nachgefragt werden, ob noch Unklarheiten oder Unsicherheiten bezüglich des Angebots bestehen und eine zeitnahe Entscheidung erbeten werden, um auch vom Mitarbeiter die nötigen wertschätzenden Signale zu erhalten – immerhin geht es um eine Beziehung auf Augenhöhe.

9.2 Die Vertragsverhandlung: Warum beide Seiten gewinnen müssen

Generell gilt es, sich bei den Vertragsverhandlungen effizient und vor allem so zu einigen, dass beide Vertragsparteien die gemeinsame Zusammenarbeit zufrieden, unbeschwert und voller Energie antreten können. Das Harvard-Konzept von Fisher und Ury zur Vertragsverhandlung (vgl. [2]) bringt es auf den Punkt: Es gilt, die beste Alternative zu einem Verhandlungsziel zu finden, falls dieses so nicht zu realisieren ist. Daraus sollte immer eine Win-win-Situation entstehen. Eine Verhandlung ist also nach diesem Prinzip immer dann erfolgreich, wenn beide Seiten mit einem Gefühl des Gewinns daraus hervorgehen. Dies ist als Basis für eine künftig erfolgreiche Zusammenarbeit besonders wichtig, da es die so relevante Augenhöhe sichert und damit die Beziehung auf solide Füße stellt.

Um diese Win-win-Situation herbeizuführen, nennen Fisher und Ury beispielsweise die Entwicklung von Auswahlmöglichkeiten oder Entscheidungsoptionen für Vertragsverhandlungen. Um eine optimale Lösung für beide Seiten zu finden, bietet sich beispielsweise die Option an, das Gehalt nach der Probezeit noch einmal nachverhandeln zu können oder das Gehalt von Vornherein durch die Definition von klar messbaren Zielen über einen festgelegten Zeithorizont zu staffeln und dies schriftlich festzulegen. Was das Gehalt betrifft, so ist es wichtig, bereits im Vorfeld zu wissen, wie groß der Verhandlungsspielraum ist und auch welche Gehaltserwartungen seitens des Kandidaten bereits kommuniziert wurden. So lassen sich Rückschlüsse auf den Erwartungswert des Kandidaten ziehen. Wer das Gehalt trotz vorheriger Kommunikation des Bewerbers zu drücken versucht, wird , wie bereits erläutert, am Ende keinen motivierten Mitarbeiter gewinnen. Auch neben dem Gehalt gibt es eine Vielzahl von Möglichkeiten, das Angebot so anzupassen, dass eine optimale Grundlage für die künftige Zusammenarbeit geschaffen wird.

Wer kein höheres Gehalt zahlen kann, kann häufig auch über Nicht-Gehaltsbestandteile punkten, z. B. flexible Arbeitszeiten oder ein Modell, an dem der Mitarbeiter jeweils an einem bestimmten Wochentag später anfangen kann, insgesamt zusätzliche Urlaubstage erhält, einen bestimmten Kurs auf Unternehmenskosten besuchen kann oder Ähnliches. Manchen Bewerbern sind auch ein bestimmter Status, beispielsweise über einen besonderen Arbeitsplatz im Büro oder ein spezielles Arbeitsmittel besonders wichtig. Der Kreativität sind hier keine Grenzen gesetzt. Die Voraussetzung für ein passendes Angebot ist, dass die Motive und die Lebenssituation des Kandidaten verstanden wurden und entsprechende Auswahloptionen angeboten werden, die eben genau auf diese Bedürfnisse eingehen. Schon vor diesem Hintergrund ist es wichtig, strukturierte Interviews zu führen, die auch auf die Motive des Kandidaten eingehen.

Sobald dann eine Einigung erreicht ist, kann der Kandidat den Vertrag unterzeichnen. Bei der Vertragserstellung gibt es jedoch – gerade in jungen Unternehmen – einige Stolpersteine zu beachten.

9.3 Der Vertrag für Angestellte: Was es zu beachten gilt

Für die Vertragserstellung ist es in der Praxis ebenfalls wichtig, den Vertrag so schnell wie möglich nach der Einigung zu versenden, um dann im Falle einer Nachverhandlung nur noch entsprechende Punkte abändern zu müssen und damit die Zusage zeitnah festzuziehen. Ansonsten kann es auch vorkommen, dass die Konditionen zwar besprochen sind, dann aber andere Vertragsklauseln plötzlich auf Unverständnis stoßen, so dass sich die Unterzeichnung und Nachkommunikation noch einmal unnötig in die Länge ziehen oder auch hier noch Kandidaten verloren gehen.

Gerade in einer Neugründungsphase scheint es oft müßig, sich im Detail mit Verträgen und deren Umsetzung zu beschäftigen. Dennoch kann es später unnötig viel Zeit und Geld kosten, wenn hier anfangs ungenau gearbeitet wird. Wenn die Vertragsgestaltung im Sinne des Talent Managements betrachtet wird, also als Instrument, um Talente auch nach ihrer Tätigkeit im Unternehmen noch im firmeneigenen Netzwerk zu binden, wird klar, dass auch eine professionelle und flexible Vertragsgestaltung ein Element des Employer Branding und der Mitarbeiterbindung sein können.

In jungen Unternehmen werden bei einem Anstellungsverhältnis häufig befristete Verträge genutzt, um Risiken zu begrenzen und sich für den Fall von Restrukturierungsmaßnahmen möglichst gut vorzubereiten. Dies ist in vielen Fällen für die heutigen Nachwuchstalente der Generation Y kein Nachteil, sondern ein erheblicher Vorteil geworden, da der Wechsel des Arbeitgebers heute zur Karriereentwicklung zählt. Unbefristete Verträge können heutzutage fast als belastend oder limitierend empfunden werden. Natürlich sind dies keine Allgemeinplätze, da es immer auf die individuellen Motive der Bewerber ankommt: Wer ein hohes Sicherheitsbestreben besitzt, wird auch immer einen unbefristeten Vertrag bevorzugen. Auch deshalb bietet sich eben das Vertragsmanagement im weitesten Sinne als weiteres Talent Management-Tool an: Verträge können durch flexible Gestaltung bereits zur Mitarbeitermotivation beitragen. So können auch Themen wie Urlaub, Sabbatical-Optionen und Kündigungsfristen – je nach Rolle im Unternehmen – Teil der individuellen Verhandlung sein. Ratsam ist es anfangs jedoch, immer so nah wie möglich an der gesetzlichen Kündigungsfrist zu bleiben und lange Kündigungsfristen zu vermeiden, um bei Trennungen flexibel reagieren zu können – auf beiden Seiten.

Es gibt einige wichtige Vertragselemente, die es bei Festanstellungen generell zu beachten gilt, und vor allem auch wichtige Besonderheiten bei befristeten Verträgen, beispielsweise dass ordentliche Kündigungen durch den Arbeitgeber nach der Probezeit nur zum Ende der vertraglichen Befristung und nur mit einem sachlichen Grund möglich sind. Es lohnt sich in der Praxis, diese zentralen Vertragswerke einmal mit den verschiedenen Grundbausteinen von einem arbeitsrechtlichen Dienstleister erstellen oder zumindest prüfen zu lassen. Hier sind einige wichtige Vertragseckpunkte im Überblick dargestellt – eine hinreichend vollständige und risikolose rechtliche Übersicht bietet sie jedoch nicht.

Vertragliche Grundlagen

- **Beginn des Arbeitsverhältnisses:** Dies ist ein zentraler Vertragsbestandteil, da nach dem Beginn des Arbeitsverhältnisses auch das Gehalt, der Urlaub und die Probezeit berechnet werden.
- **Befristung:** Grundsätzlich kann man zwischen einem befristeten und unbefristeten Arbeitsvertrag wählen (vgl.: Besonderheiten für befristete Verträge).
- **Probezeit:** Ein zentraler Bestandteil jedes Arbeitsvertrages. Innerhalb der Probezeit ist die Kündigungsfrist auf zwei Wochen beschränkt und eine Kündigung jederzeit ohne Angabe von Gründen möglich (§ 622 Abs. 3 BGB). Diese verkürzte Kündigungsfrist gilt auch dann, wenn das Fristende bereits außerhalb der vereinbarten Probezeit liegt. So kann einem Arbeitnehmer beispielsweise noch am letzten Tag seiner Probezeit gekündigt werden, so dass er vierzehn Tage später das Unternehmen verlassen müsste – auch wenn dies sicher keiner wertschätzenden Kommunikation und Signalgebung entspräche. Richtwerte für die Länge der Probezeit sind zwischen drei und sechs Monate je nach Befristungsdauer. Bei einer Befristung von zwölf Monaten sowie bei unbefristeten Verträgen ist eine Probezeit von sechs Monaten angebracht. Länger als sechs Monate sollte keine Probezeit dauern, da die Anforderungen an die Begründung einer längeren Testphase höher sind. Vorsicht gilt hier bei vorgelagerten Beschäftigungsverhältnissen: Wenn ein Praktikum unmittelbar vor der Beschäftigung absolviert wird, so wird diese Zeit auf die Probezeit angerechnet, genauso wie bei einem bereits vorherigen Beschäftigungsverhältnis, welches unmittelbar vor dem neuen Arbeitsverhältnis bestanden hat.
- **Urlaub**: Gesetzlich geregelt ist der Urlaubsanspruch von Arbeitnehmern im Bundesurlaubsgesetz. Der gesetzliche Mindestanspruch beträgt 24 Werktage. Wer Zusätzliche Urlaubsgewährung ist natürlich immer möglich und wird heute auch häufig als Teil der Verhandlungsmasse aufgestockt. Extra vereinbarter Urlaub gilt dann als vertraglicher Zusatzurlaub.
- **Urlaubsanrechnung bei Kündigungen:** Im Vertrag sollte bereits geregelt sein, dass bei einer Freistellung des Arbeitnehmers im Fall einer Kündigung die Urlaubs- sowie sonstige Freizeitansprüche angerechnet werden. Diese Anrechnung erfolgt nur dann im Falle einer Kündigung mit Freistellung ohne eine weitere Zusatzvereinbarung. Ansonsten müssen diese Ansprüche im ungünstigsten Falle noch einmal separat abgegolten werden. Im Falle einer Kündigung hat der

Arbeitnehmer sofern er bis mindestens zum 15. Juli in einem Beschäftigungsverhältnis war, Anspruch auf seinen vollen gesetzlichen Urlaub beziehungsweise dessen Auszahlung. Das heißt, er hat auch dann Anspruch auf beispielsweise 24 Tage, wenn das Beschäftigungsverhältnis erst ab Mai bestand und im Juli gekündigt wurde. Für den gewährten Zusatzurlaub kann allerdings im Vertrag eine Klausel integriert werden, die bestimmt, dass der Zusatzurlaub im Falle eines Austritts nur zu 1/12 je Beschäftigungsmonat gewährt wird. Zusätzlich kann auch eine Klausel integriert werden, die regelt, dass der Arbeitnehmer bei Eigenkündigung überhaupt keinen Anspruch auf den vertraglichen Zusatzurlaub oder dessen Vergütung hat.

- **Wettbewerbsverbot:** Gerade in Start-ups ist in den meisten Verträgen ein sogenanntes Wettbewerbsverbot integriert. Es wird hier zwischen einem vertraglichen und einem nachvertraglichen Wettbewerbsverbot unterschieden. Das vertragliche Wettbewerbsverbot regelt, dass der Arbeitnehmer während seiner Beschäftigungszeit nicht durch eine selbstständige oder anderweitig vertragliche Tätigkeit seinem Arbeitgeber direkte Konkurrenz macht. Verstöße sind schadenersatzpflichtig oder können eine Kündigung nach sich ziehen. Das nachvertragliche Wettbewerbsverbot regelt dies für bis zu maximal zwei Jahre nach der Tätigkeit des Arbeitnehmers für den Arbeitgeber. Dabei ist ein Wettbewerbsverbot nur dann rechtskräftig, wenn sich der Arbeitgeber verpflichtet, für die Dauer des Verbots eine Entschädigung zu zahlen. Gesetzlich ist in § 74 HGB geregelt, dass sich diese Zahlung auf mindestens die Hälfte aller zuletzt bezogenen vertragsmäßigen Leistungen bezieht. Sobald diese Regelung im Vertrag missachtet wird, ist das Wettbewerbsverbot nicht rechtlich bindend. Wer also keine Karenzentschädigung in der gesetzlichen Höhe bezahlen kann, dem sei ein Verzicht auf das Wettbewerbsverbot geraten.

Besonderheiten für befristete Arbeitsverträge

- **Befristungsgrundlagen**: Befristet beschäftigt ist ein Arbeitnehmer mit einem auf bestimmte Zeit geschlossenen Arbeitsvertrag. Dies liegt entweder vor, wenn der Vertrag kalendermäßig befristet ist oder es sich aus der Art, Zweck oder Beschaffenheit der Arbeitsleistung ergibt.
- **Verlängerung befristeter Verträge**: Die kalendermäßige Befristung eines Arbeitsverhältnisses ist maximal für zwei Jahre auch ohne sachlichen Grund zulässig. Ausnahme: In den ersten vier Jahren nach der Gründung eines Unternehmens ist die kalendermäßige Befristung ohne Vorliegen eines sachlichen Grundes bis zur Dauer von vier Jahren zulässig. Diese Ausnahmeregelung gilt nicht für Neugründungen im Zusammenhang mit der rechtlichen Umstrukturierung von Unternehmen und Konzernen. Das Arbeitsverhältnis kann während der Gesamtdauer von zwei Jahren insgesamt bis zu maximal dreimal verlängert

werden, allerdings muss sich die jeweilige Verlängerung unmittelbar an das Beschäftigungsverhältnis anschließen. Bei Gründungsunternehmen ist hier bei der Gesamtdauer von vier Jahren die mehrfache Verlängerung eines kalendermäßig befristeten Arbeitsvertrages zulässig.

- Eine solche Befristung ohne sachlichen Grund ist nicht zulässig, wenn im Vorfeld bereits ein Arbeitsverhältnis (befristet oder unbefristet) mit dem Arbeitgeber bestand. So können also Auszubildende nach Ausbildungsabschluss nur mit sachlichem Grund vom Arbeitgeber befristet weiterbeschäftigt werden.
- **Unzulässige Befristung**: Stellt sich heraus, dass eine Befristung unzulässig ist, hat dies nicht etwa zur Folge, dass der Arbeitsvertrag unwirksam ist. Vielmehr wandelt sich der zu Unrecht befristete Arbeitsvertrag automatisch in einen unbefristeten Arbeitsvertrag. Daher sollte in der Praxis unbedingt auf den Beendigungszeitpunkt des befristeten Arbeitsvertrags geachtet werden. Der Ablauf ist dem Arbeitnehmer rechtzeitig schriftlich mitzuteilen beziehungsweise einer Fortsetzung des Arbeitsverhältnisses durch den Arbeitnehmer zu widersprechen. Bei Verlängerungen gilt es, das befristete Verhältnis unmittelbar an das vorangegangene anzuschließen, das bedeutet, dass kein einziger Tag dazwischen geschaltet sein darf.
- **Vorsicht bei Vertragsunterschrift:** Wer einen befristeten Arbeitsvertrag erst nach Arbeitsbeginn erhält, selbst wenn er am ersten Tag seines Arbeitsverhältnisses unterschreibt, also den Vertrag erst nach seinem Arbeitsantritt unterzeichnet, wäre die Befristung bereits unwirksam und damit direkt unbefristet. Das bedeutet: Der Vertrag muss immer von beiden Seiten vor dem ersten Arbeitstag unterschrieben und paraphiert werden. Die Unterschriftsregelung gilt natürlich auch für befristete Verträge.
- **Ordentliche Kündigung von befristeten Verträgen:** Der Arbeitgeber kann dem Arbeitnehmer nur zum vertraglich festgesetzten Ende der Befristung ordentlich kündigen. Dabei muss die Kündigung sozial gerechtfertigt sein.

Zusammenfassung: Angebotsphase und Closing

- Ein Angebot garantiert noch keine Zusage. Bei der Angebotsgestaltung zählen daher Schnelligkeit und Professionalität.
- Integrieren Sie neben Startdatum, Titel, Gehalt, Befristung und weiteren wesentlichen Informationen aus dem Arbeitsvertrag auch Informationen zur Positionsausgestaltung, der Aufhängung der Position innerhalb des Unternehmens, den Zielen innerhalb der ersten drei bis sechs Monate sowie die Entwicklungsperspektiven der Position.
- Gehen Sie bei der Angebotsgestaltung auf die Erwartungen, Motive und Lebensumstände des Kandidaten ein. Kann eine höhere Flexibilität oder mehr Urlaub gegebenenfalls eine niedrigere Vergütung kompensieren?

- Sie müssen das Erwartungsgehalt nicht zu 100 % treffen, gegebenenfalls steigen Sie etwas darunter ein und bauen nach der Probezeit eine Gehaltserhöhung etwas über dem Erwartungswert ein. Achten Sie dabei unbedingt auf die Einhaltung der unternehmensinternen Gehaltsstrukturen.
- Achten Sie auf Professionalität und Schnelligkeit bei der Angebotskommunikation: Die künftige Führungskraft sollte auf jeden Fall selbst das Angebot aussprechen, schriftlich sollten alle relevanten Inhalte zusammen mit dem Arbeitsvertrag an den Kandidaten mit einer Entscheidungsfrist kommuniziert werden.
- Bei den anschließenden Vertragsverhandlungen gilt: Es müssen beide Seiten als Gewinner hervorgehen: Nur so schaffen Sie die Basis für eine erfolgreiche Zusammenarbeit.
- Auch dem Kandidaten sollte eine klare Frist gesetzt werden, um sich zu entscheiden. Wer sich nicht auf Basis der Gespräche für das Unternehmen entscheidet und zu hoch pokert, sollte stark hinterfragt werden – auch im „War for Talent."
- Auch die Vertragsgestaltung fließt in das Employer Branding ein: Verträge können durch flexible Ausgestaltung Mitarbeiter binden und motivieren und starke Signale setzen.
- Bei der Vertragsgestaltung muss auf wichtige rechtliche Punkte geachtet werden. Hier bietet es sich an, die unterschiedlichen Vertragsbausteine ganzheitlich von einem Arbeitsrechtsexperten erstellen zu lassen und mit einer guten Vorlage zu arbeiten.

Weiterführende Literatur

1. Feld B, Mendelson J, Costolo D (2013) Venture deals: be smarter than your lawyer and venture capitalist, Aufl 2. John Wiley & Sons, Hoboken
2. Fisher R, Ury W, Patton B, Egger U (2004) Das Harvard-Konzept: Der Klassiker der Verhandlungstechnik, Aufl 22. Campus Verlag, Frankfurt a. M.
3. Kawasaki G, Faltin G (2013) The Art of the Start: Von der Kunst, ein Unternehmen erfolgreich zu gründen, Aufl 1. Vahlen, München
4. Schranner M (2001) Verhandeln im Grenzbereich: Strategien und Taktiken für schwierige Fälle. Econ, München
5. Simon J (2010) Der Wert von Beteiligungsverträgen: Abbildung von Vertragsbestandteilen aus Venture-Capital-Verträgen in Bewertungsmodellen, Aufl 2010. Gabler Verlag, Wiesbaden
6. Wien A (2009) Arbeitsrecht: Eine praxisorientierte Einführung, Aufl 2009. Gabler Verlag, Wiesbaden

Mitarbeiter-Onboarding 10

Zusammenfassung

Nach der sorgfältigen Personalauswahl und den gelungenen Vertragsverhandlungen ist das „Onboarding" der nächste erfolgskritische Schritt für die künftige Zusammenarbeit. Einen neuen Mitarbeiter von Anfang an professionell und strukturiert abzuholen und damit erfolgreich in das neue Team, seine künftige Rolle, die Unternehmenskultur und in die Regeln der Zusammenarbeit einzuführen, ist für den späteren Erfolg oder Misserfolg eines neuen Mitarbeiters zentral. Er ist Grundlage des gegenseitigen Erwartungsmanagements und nimmt damit maßgeblichen Einfluss auf die Zufriedenheit oder Unzufriedenheit.

Der Onboarding-Prozess bezeichnet die ganzheitliche und strukturierte Integration des Mitarbeiters in alle technischen, fachlichen, organisatorischen, wirtschaftlichen, kulturellen und personellen Bereiche des Unternehmens und legt die Grundlagen für eine erfolgreiche Mitarbeiterbindung.

10.1 Mitarbeiter von Anfang an integrieren: Warum sich ein ganzheitlicher Prozess auszahlt

Das Onboarding beginnt bereits mit der Zusage des Kandidaten – nicht erst am ersten Arbeitstag. Dies ist vor allem deshalb wichtig, da Absprünge auch noch nach der Angebotsannahme und Unterschrift erfolgen können und die frühe Integration zudem die Grundlage für die Führungsarbeit schafft: Insbesondere in schnellen Wachstumsphasen ist ein exzellentes Onboarding das erfolgssichernde Element, um die Unternehmenskultur zu wahren und zu entwickeln, die Regeln der Zusammenarbeit zu definieren und damit Erwartungen auf beiden Seiten explizit zu machen. Wer neue Mitarbeiter anfangs ungenügend oder überhaupt nicht integriert, läuft von Anfang an Gefahr, dass Motivation

C. Buchheim, M. Weiner, *HR-Basics für Start-ups*, DOI 10.1007/978-3-658-03893-9_10

und Zufriedenheit der Mitarbeiter abfallen oder die Zusammenarbeit schon früh durch Misserfolge und Enttäuschungen auf beiden Seiten geprägt wird: Wem anfangs keine Erwartungen, Werte und Ziele kommuniziert werden, der kann nicht klar beurteilen, auf welches Ziel er hinarbeitet oder auch inwieweit seine Rolle im Gesamtunternehmenskontext relevant ist. Wer Erwartungen nicht kennt, kann sie auch nicht erfüllen.

Für das Onboarding sollte ein verantwortlicher Mitarbeiter benannt werden, der den Prozess ganzheitlich koordiniert und für die Organisation der Einzelveranstaltungen, Verwaltung der relevanten Tools, Einrichtung der Zugänge und weitere relevante Prozessschritte verantwortlich ist. Damit werden auch hier Transparenz und Effizienz maximiert. Der gesamte Prozess sollte optimal standardisiert als skalierbares System angelegt werden, um in starken Wachstumsphasen die reibungslose und zügige Integration aller Mitarbeiter zu gewährleisten. Hierfür bieten sich Knowledge-Management-Tools wie unternehmenseigene Wikis, Erklärungen via Videos, Checklisten, Präsentationen und vieles mehr an.

Durch einen guten Onboarding-Prozess können unnötige spätere Frustrationen und Missverständnisse vermieden oder zumindest minimiert werden. Damit wird klar, dass bereits mit dem Onboarding die Führungsarbeit beginnt, denn alles, was ein Manager von einem neuen Mitarbeiter für die Zusammenarbeit erwartet, muss von Anfang an auch an ihn kommuniziert werden und damit explizit gemacht werden. Implizite Führung ist nicht möglich! Also sollte von Anfang an klar sein, was die beidseitige Erwartungshaltung ist und wie die Regeln der Zusammenarbeit genau aussehen sollen. Nur dadurch ist eine erfolgreiche Zusammenarbeit überhaupt möglich, da damit auch die Grundlage für spätere Entwicklungs-, Kritik- oder auch Kündigungsgespräche geschaffen wird. Belohnt oder sanktioniert werden können nur Dinge, die zuvor eben auch explizit besprochen und vereinbart wurden.

10.2 Elemente des Mitarbeiter-Onboardings. Was es zu beachten gilt

Was soll im Onboarding also genau passieren (Abb. 10.1)? Bereits bevor der Mitarbeiter im Unternehmen zu arbeiten beginnt, sollten ihm ab Vertragsunterschrift im Vorfeld bereits erste relevante Informationen zugesendet werden. Dazu gehören unter anderem die Informationen zum Ablauf der ersten Arbeitstage und organisatorische Details. Einladungen zu Unternehmensveranstaltungen oder Team-Events können zusätzlich die Teamintegration beschleunigen.

Bis zum ersten Tag des neuen Mitarbeiters müssen alle technischen To-dos, die sich anhand von Checklisten und Templates effizient abarbeiten lassen, erledigt sein. Dazu gehören selbstverständlich ein fertig ausgestatteter Arbeitsplatz, die bereits eingerichteten relevanten IT-Zugänge und Accounts, sowie die Bereitstellung aller weiteren wichtigen Arbeitsmaterialien. Zusätzlich sollte der Mitarbeiter direkt eine Einführung zu den spezifischen IT-Tools des Unternehmens erhalten. Bei höheren Mitarbeiterzahlen oder komplexeren Tools bieten sich beispielsweise Video-Tutorials oder ausführlichere Wissensleitfä-

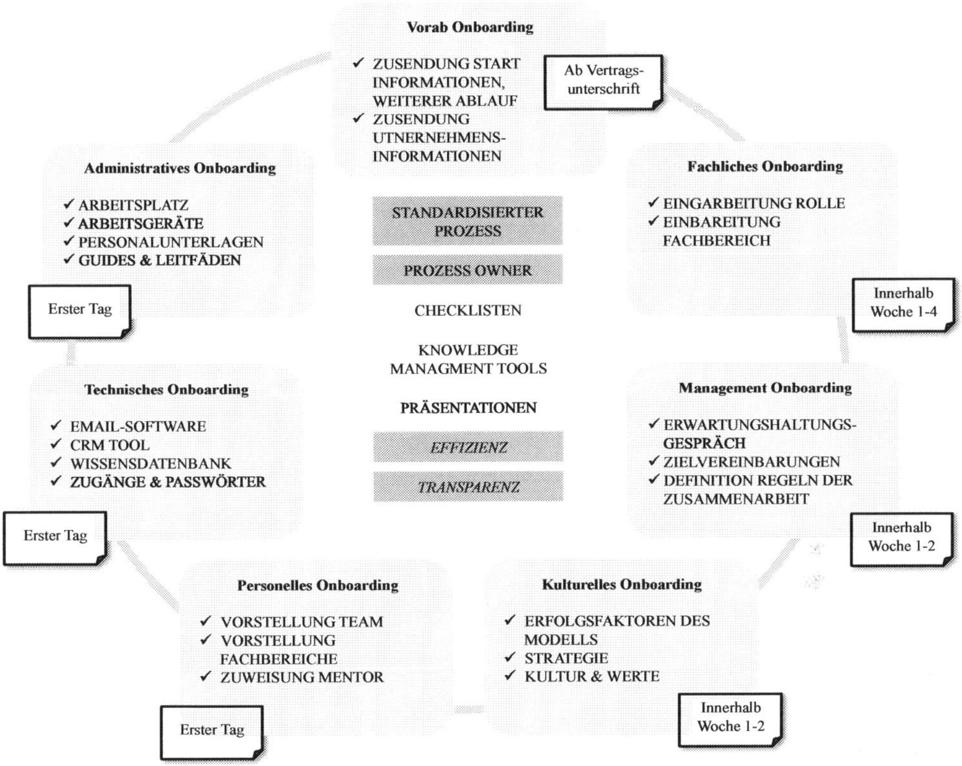

Abb. 10.1 Onboarding

den an sowie ein konsekutives persönliches Treffen nach der Einarbeitungsphase für offen gebliebene technische Fragen.

Auch alle administrativen Personalangelegenheiten sollten am ersten Tag oder idealerweise bereits vor Arbeitsbeginn erledigt werden, so dass eine korrekte Anmeldung und damit verbundene Lohnauszahlung ab dem ersten Monat sichergestellt sind. Dazu zählen unter anderem das Ausfüllen des Personalbogens, die Einreichung aller Personaldokumente durch den neuen Mitarbeiter sowie die offizielle Anmeldung des Mitarbeiters bei der Sozialversicherung, der Krankenkasse und dem Finanzamt durch die Personaladministration oder das Office Management.

Zu einer ganzheitlichen Mitarbeitereinführung zählt natürlich auch die Vorstellung des Mitarbeiters vor dem gesamten Team an seinem ersten Tag. Bei größeren Unternehmen bieten sich hier beispielsweise eine eigene Vorstellungs-E-Mail durch den neuen Mitarbeiter sowie Essensverabredungen mit den Teammitgliedern und relevanten Mitarbeitern der anderen Abteilungen in den ersten Wochen an. Auch eine Aufnahme in den internen Newsletter kann bei der Vorstellung des neuen Teammitglieds beispielsweise zusätzlich unterstützen. Ein Unternehmensrundgang mit einer Kurzvorstellung der verschiedenen Fachabteilungen sollte am ersten Tag zur besseren Orientierung in jedem Fall organisiert werden. Auch die Funktionserklärung und Vorstellung von zentralen Kontaktpersonen im Unternehmen gehören zu einem personellen Onboarding dazu. Im Idealfall erhält in größeren Start-ups jeder neue Mitarbeiter einen Mentor, der nicht sein Vorgesetzter ist. So wird der Austausch gefördert und die allgemeine Integration in den ersten Monaten erleichtert, weil einem Mentor eher Fragen gestellt werden, als einem Vorgesetzten.

Ein wichtiger Bestandteil des Onboarding-Prozesses ist das kulturelle Onboarding, welches noch einmal ein ganzheitliches Bild des Start-ups aus der Makroperspektive zeichnet und daher auch in der Verantwortung der Gründer liegt. Hier werden beispielsweise in einer Präsentation, zu der auch schon bestehende Teammitglieder immer wieder bei Bedarf hinzugeladen werden können, noch einmal die Vision, die Gesamtstrategie, die Ziele, die Struktur und vor allem eben auch die Kultur mit den gelebten Werten dargestellt. In dieser Runde werden neue Mitarbeiter noch einmal auf die Ziele und die Werte „eingeschworen" und lernen über die Gründungsgeschichte und beispielsweise Anekdoten die impliziten und expliziten Regeln der Zusammenarbeit und des Miteinanders im Unternehmen kennen. Deshalb sollte diese Präsentation auch relativ zeitnah zum Start des Mitarbeiters stattfinden, bestenfalls innerhalb der ersten zwei Wochen. Denn spätestens hier wird noch einmal deutlich gemacht, was konkret im Unternehmen zählt und was von jedem einzelnen Teammitglied erwartet wird. Es dient damit ebenfalls einem erfolgreichen Erwartungsmanagement.

Auf der Mikroebene gilt es, den neuen Mitarbeiter natürlich ab Tag eins mit seiner Position und damit den fachlichen Feinheiten vertraut machen. Während im technischen Onboarding bereits die Tools der Zusammenarbeit erklärt wurden, erläutert das fachliche Onboarding mit dem direkten Vorgesetzten und im Anschluss mit den Teammitgliedern, auf welche Weise an welchen Projekten und Zielsetzungen gearbeitet wird. Die einzelnen Projekte und Aufgabenbereiche, Funktionen innerhalb einer Abteilung, Leitlinien für die Kommunikation, die Vorstellung des Kundenportfolios oder des Vertriebsleitfadens und vieles mehr gehören in diese fachliche Einarbeitungsphase, die in der Regel im Start-up nicht länger als zwei Wochen, maximal aber vier Wochen dauern sollte.

Nach den ersten beiden Wochen, wenn sich der neue Mitarbeiter also schon eingehend orientieren konnte und alle nötigen Informationen für die erfolgreiche Erfüllung seiner Rolle erhalten hat, ist es spätestens an der Zeit für das Management-Onboarding: Hier wird noch einmal ein gezieltes Erwartungsgespräch mit dem neuen Mitarbeiter geführt. Dies ist unbedingt erforderlich, um richtig starten zu können und den Grundstein für die künftige Zusammenarbeit zu legen, denn das Gespräch klärt noch einmal die Aufgaben, die Verantwortlichkeiten und die Ziele des neuen Mitarbeiters in den ersten drei bis sechs Monaten im Detail und stellt ebenso den Einfluss der Arbeitsergebnisse auf den Gesamtunternehmenserfolg dar. Spätestens mit diesem Gespräch sollte dem Mitarbeiter bewusst gemacht werden, welchen Beitrag seine Rolle in der Erfüllung der Unternehmensvision leistet.

Ebenso werden im Erwartungsgespräch noch einmal die Entwicklungsperspektive der Rolle und vor allem aber auch die Erwartungshaltung des Managers an den neuen Mitarbeiter und vice versa geklärt. Die Erwartungen an persönliches Verhalten, wie z. B.

Pünktlichkeit, Gewissenhaftigkeit, gegenseitiger Umgang, Zuverlässigkeit, sollten in diesem Zusammenhang erörtert werden, falls sie nicht selbstverständlich sind, um hier wirklich ein ganz klares Erwartungsmanagement zu betreiben. Natürlich kann der Mitarbeiter dieselben Erwartungen dann auch von seiner Führungskraft erwarten, alles andere ist gerade für die Generation Y undenkbar. In unserer Erfahrung ist einer der erfolgskritischen Werte der Zusammenarbeit die Verbindlichkeit. Dies bedeutet zum einen, dass man sagt, was man tut, das man tut, was man sagt, und zum anderen, dass man sich darauf verlassen kann, dass wenn jemand etwas nicht zu einem vereinbarten Zeitpunkt erledigt, er in jedem Falle, also verbindlich und rechtzeitig, Bescheid sagt. Dies wäre dann also in der Praxis nicht zwei Stunden vor der Abgabe, sondern, je nach Projekt, bereits mehrere Wochen oder Tage im Vorfeld, spätestens wenn sich absehen lässt, wenn man erkennt, dass sich der Termin nicht halten lässt. Dieses Prinzip ist ein sehr wichtiger Management-Wert, da Mitarbeiter eigenverantwortlich und selbständig arbeiten können, aber durch das Prinzip der Verbindlichkeit einen klaren Rahmen erhalten. Es lässt dem Mitarbeiter immer die Wahl zwischen der Erledigung der Aufgabe oder der alternativen rechtzeitigen Information. Ausflüchte, Erklärungen und Schuldzuweisungen an andere werden dadurch irrelevant und nicht zum Diskussionspunkt, weil immer die Wahl zwischen zwei Optionen möglich ist – unabhängig vom Grund. Es empfiehlt sich entsprechend, Verbindlichkeit als Erwartung in das Erwartungsgespräch aufzunehmen.

Das Erwartungsgespräch dient natürlich ebenso dazu, die Erwartungen des Mitarbeiters noch einmal explizit zu machen. So sollten Erwartungen hinsichtlich der Rolle, der Entwicklung und auch an die Führungskraft noch einmal besprochen und definiert werden. Nach diesem Management-Onboarding sollte der neue Mitarbeiter keinerlei offene Fragen mehr haben und die Erwartungshaltung hinsichtlich seiner Position, seiner Ziele und Rolle und seines Verhaltens kennen und verstanden haben.

Dies scheint offensichtlich, doch ist es in der Praxis leider nicht. Nicht selten treten in Anfangsphasen der Zusammenarbeit sehr häufig Frustration und Enttäuschungen bei Mitarbeitern sowie im Management auf: Wenn ein neues Teammitglied sich innerhalb der ersten Wochen noch unklar über seine Zielsetzung oder die Erwartungshaltung des Managers ist, weil es nicht zu einem klärenden Meeting kam, sind die Weichen für gegenseitige Unzufriedenheit bereits beim Start gestellt. Entweder vom Mitarbeiter selbst, der nie emotional und inhaltlich an Bord geholt wurde und innerhalb kürzester Zeit wieder ausscheidet, oder eben vom frustrierten Vorgesetzten, der es nicht fassen kann, dass er sich in dem neuen Kollegen so getäuscht haben soll. Deshalb ist eben gerade die eindeutige und klare Kommunikation aller gegenseitigen Erwartungen von Anfang an so erfolgsentscheidend. Die Gegenseitigkeit der Erwartungsfrage ist Ausdruck der Wertschätzung des Mitarbeiters und der Interaktion auf Augenhöhe, die für Mitarbeiter so wichtig sind. Im Idealfall dient die Stellenbeschreibung aus der Recruiting-Phase als Grundlage für ein erstes Zielvereinbarungsgespräch, dessen Protokoll wiederum als Grundlage für alle weiteren Feedback- und Evaluierungsgespräche dienen kann (siehe Kap. 11.5).

Ein erfolgreiches und ganzheitliches Onbarding ist die Grundvoraussetzung für einen zügigen, erfolgreichen gemeinsamen Start und schafft die Voraussetzung für die erfolgreiche Mitarbeiterintegration, -bindung und -zufriedenheit und damit auch für eine langfristig bessere Leistung und Ergebnisse.

Die Onboardingphase sollte spätestens mit dem Ablauf der ersten 100-Tage beendet sein. Ab diesem Zeitpunkt kann ein Mitarbeiter als vollständig rekrutiert betrachtet werden.

Zusammenfassung: Onboarding

- Der Onboarding-Prozess bezeichnet die ganzheitliche und strukturierte Integration des Mitarbeiters in alle technischen, fachlichen, organisatorischen, wirtschaftlichen, kulturellen und personellen Bereiche des Unternehmens.
- Ein erfolgreiches und ganzheitliches Onboarding ist die Grundvoraussetzung für einen zügigen, erfolgreichen gemeinsamen Start und schafft die Voraussetzung für die erfolgreiche Mitarbeiterintegration, -bindung und -zufriedenheit.
- Ein professionelles Mitarbeiter-Onboarding beginnt bereits mit der Zusage eines Kandidaten. Stellen Sie sicher, dass der neue Mitarbeiter von Anfang an in die zentralen Informationsprozesse sowie Mitarbeiterveranstaltungen des Unternehmens eingebunden wird.
- Benennen Sie einen verantwortlichen Mitarbeiter, der den Prozess ganzheitlich koordiniert und für die Organisation der Einzelveranstaltungen, die Verwaltung der relevanten Tools, die Einrichtung der Zugänge und weitere relevante Prozessschritte verantwortlich ist.
- Am ersten Arbeitstag muss der Arbeitsplatz mit allen relevanten Arbeitsmaterialien fertig eingerichtet sein sowie die Abwicklung der zentralen personaladministrativen Angelegenheiten erledigt werden.
- Der neue Mitarbeiter sollte am ersten Tag dem Team vorgestellt werden und zudem Zugang zu allen relevanten Knowledge–Management-Tools, Verteilern und Meetings sowie den relevanten Tools der Zusammenarbeit erhalten. Bei komplexeren Tools oder zahlreichen Einstellungen bietet sich hier eine Ersteinführung über ein Wiki oder Video an, die im Anschluss dann bei Fragen noch einmal näher diskutiert werden können.
- Zentraler Bestandteil der Mitarbeiterintegration ist das kulturelle Onboarding, in dem noch einmal die Vision, die Gesamtstrategie, die Struktur und vor allem eben auch die Kultur und Werte durch die Gründer präsentiert werden und dadurch bestenfalls auch eine emotionale Bindung entsteht.
- Das fachliche Onboarding mit dem Vorgesetzten und dem Team zeigt innerhalb der ersten zwei bis vier Wochen noch einmal die wichtigsten Projekte, Aufgabenbereiche, Funktionen und Leitlinien innerhalb einer Abteilung auf.
- Nach den ersten beiden Einarbeitungswochen findet dann spätestens zusammen mit dem eigenen Manager ein Management-Onboarding statt, in dessen Zuge noch einmal der Grundstein für die erfolgreiche, gemeinsame Zusammenarbeit gelegt wird.
- Nach dem Management-Onboarding muss die Erwartungshaltung hinsichtlich der Position, der Zielsetzung, der Richtlinien und Verhaltensregeln der gemeinsamen

Zusammenarbeit eindeutig für beide Seiten sein und dokumentiert werden, um für spätere Feedback-Gespräche als Grundlage zu dienen und den Kick-off der Zusammenarbeit zu markieren.

Weiterführende Literatur

1. Horowitz B (2014) The hard thing about hard things: building a business when there are no easy answers. HarperCollins Publishers, New York
2. Klaffke M (2011) Personalmanagement von Millennials: Konzepte, Instrumente und Best-Practice-Ansätze, Aufl. 2011. Gabler Verlag, Wiesbaden

Bindung der Richtigen durch Retention Management

11

Zusammenfassung

Retention Management hat nicht nur das Ziel, die eigenen Mitarbeiter nachhaltig zu motivieren, sondern sie sogar zu begeistern und dadurch möglichst langfristig an das Unternehmen zu binden. Aber nicht frisches Obst und der neueste Kicker, sondern vor allem vertrauensvolle Beziehungen, exzellentes Erwartungsmanagement und eine wertebasierte Führung, bei der das Individuum im Zentrum steht, sind entscheidende Faktoren, um das Team auch langfristig an das Unternehmen zu binden. Die Köpfe, welche die Führungskultur prägen werden damit zum zentralen Element im Recruiting und in der Mitarbeiterbindung im digitalen Zeitalter. Sie sind es, die die Signale der Employer Brand maßgeblich bestimmen und Mitarbeiter nachhaltig binden können. Den Führungskräften muss daher vollste Aufmerksamkeit gewidmet werden. Anderenfalls gehen die hohen Investitionen , die in den immer aufwendiger werdenden Recruitingprozess geflossen sind, wieder verloren.

11.1 Denkmuster und Motive im digitalen Zeitalter: Warum Selbstbestimmung das neue Statussymbol ist

Wer junge Teams oder Organisationen führt, weiß, dass es nicht damit getan ist, gute Mitarbeiter an Bord zu holen, sondern dass es vor allem auch darum geht, sie nachhaltig an das Unternehmen zu binden. Denn das Verständnis von Loyalität hat sich im digitalen Zeitalter maßgeblich verändert: Die Vertreter der Generation Y stimmen mit den Füßen ab, wenn ihre Ansprüche nicht erfüllt sind und die Demographie spielt ihnen dabei in die Hände. Nach einer Befragung der IE Business School Madrid aus dem Jahre 2009 wechselten Berufseinsteiger das erste Mal bereits nach 28 Monaten den Arbeitgeber (vgl. [6]).

C. Buchheim, M. Weiner, *HR-Basics für Start-ups*, DOI 10.1007/978-3-658-03893-9_11

Nicht einem Unternehmen oder einer Institution gilt heutzutage die primäre Aufmerksamkeit der Teammitglieder, sondern vor allem ihren Beziehungen und der Teamatmosphäre. Die Loyalität der Generation Y liegt bei Familie und Freunden beziehungsweise bei denen, mit denen echte Beziehungen bestehen, die auf gegenseitiger Förderung und Interesse beruhen und tiefes Vertrauen und Orientierung im Alltag bedeuten. Die Generation Y unterscheidet nicht mehr klar zwischen Karriere und Privatleben, vielmehr wünschen sie sich eine gewisse, wenn auch nicht komplette Verbindung aus Karriere und Privatleben, weil Arbeitszeit Lebenszeit ist.

Wie bereits in der Einführung erläutert, werden unter der Generation Y in der Regel die zwischen 1980 und 2000 geborenen Menschen zusammengefasst, also genau diejenigen, die sich entweder direkt auf die Arbeitswelt vorbereiten oder bereits seit einigen Jahren in der Berufswelt tätig sind (vgl. [4]) Vor diesem Hintergrund ist es wichtig darauf hinzuweisen, dass zwar durch eindeutige Trends verallgemeinerte Schlüsse auf eine Generation gezogen werden können, diese jedoch immer nur als Annäherung zu sehen sind, da es selbstverständlich auch innerhalb einer Kohorte unterschiedliche Lebensphasen, Motive und individuelle Zielsetzungen gibt (vgl. [5]). Es handelt sich in unseren Ausführungen also um klar zu beobachtende gesellschaftliche Trends, die sich nicht nur auf eine Generation beschränken, deren Auswirkungen sich aber mit dem Eintreten der Generation Y in die Arbeitswelt besonders bemerkbar machen und eine Veränderung anstoßen, die allen Generationen zugute kommt.

Der Begriff, der das Lebensmotto im digitalen Zeitalter wohl am besten beschreibt und Basis der Erwartungen der neuen Mitarbeitergeneration ist, lautet: „You only live once" (YOLO). Verbunden mit diesem Motto ist die Überzeugung, in keinem Fall wertvolle Lebenszeit verschenken zu dürfen. Da Arbeitszeit aber einen Großteil dieser Lebenszeit ausmacht, entstehen hohe Anforderungen an den Arbeitgeber, damit Arbeit sich so natürlich und angenehm wie möglich in das Leben einfügt, das man gerne leben möchte. Nicht Work-Life-Balance, sondern Work-Life-Integration ist damit das Ziel. Kollegen sollten daher Kontakte sein, mit denen man auch privat gerne seine Zeit verbringen würde – was auch die Bewertung der kulturellen Übereinstimmung so wichtig macht. Der Arbeitsort muss daher auch entsprechend gestaltet werden und funktionaler Charakter zugunsten wohliger Atmosphäre eingetauscht werden.

Wodurch entsteht dieser Wandel? Während die Babyboomer-Generation und damit die Elterngeneration der Generation Y für den sozialen Aufstieg und Gleichberechtigung hart gekämpft hat und damit auch Beziehungen zugunsten der Arbeit vernachlässigt hat, sind die Kinder der Generation Y nicht mehr zu einem solchen Kompromiss bereit. Während die Elterngeneration arbeitet, um zu leben, so wollen sich die Vertreter der Generation Y auf ganzer Linie selbst verwirklichen und würden dabei Karriere nicht zwangsläufig als oberste Priorität nennen. Gleichberechtigung und Interaktion auf Augenhöhe sind Prinzipien, mit denen sie aufgewachsen sind und die sie voraussetzen. Das Beste zu tun, bedeutet für diese Generation, das zu tun, was für die eigene Person den höchsten Wert stiftet und damit die bestmöglichen Ergebnisse im Einklang mit den eigenen Motiven liefert. Ergebnisse und Ergebnisorientierung sind ein zentrales Element des Handelns der Generation Y. Damit steigen auch die Anforderungen an den Pragmatismus im Alltag.

Zentrale Elemente des Denkmusters der Generation Y und eng mit der Lebensphilosophie YOLO verbunden sind Eigenverantwortung als Leitwert und die Erwartung einer gleichberechtigten Partnerschaftsebene in allen Beziehungen, weil die meisten dies von der eigenen Erziehung gewohnt sind. Dabei bedeutet Eigenverantwortung ein gewisses Selbstverständnis, jederzeit die freie Entscheidung über das eigene Leben treffen zu können und es damit in der Hand zu haben. Es wird regelrecht als Verpflichtung gegenüber der eigenen Person wahrgenommen, immer wieder zu überprüfen, ob der eingeschlagene Weg auch der sinnvollste ist und die Lebenszeit bestmöglich eingesetzt wird. Genau dieses Gefühl der Entscheidungsfreiheit, maximalen Flexibilität und Verantwortungsübernahme, ist der Generation Y von ihrer Elterngeneration vermittelt worden. Der Entwicklungspsychologe Michael Winterhoff beschreibt diesen Erziehungsstil, in dem Kinder zu Partnern gemacht werden, sehr eindrücklich in seinem Buch „Warum unsere Kinder Tyrannen werden" (vgl. [15]). Durch diesen partnerschaftlichen Ansatz in der Erziehung wurden den Vertretern der Generation Y laut Winterhoff die Entscheidungen für das eigene Wohlergehen und damit auch die Verantwortung für sich selbst sehr früh übertragen. Dadurch hat diese Generation nicht nur gelernt, Entscheidungen für sich zu treffen und Verantwortung für sich selbst zu übernehmen, sondern erwartet im Gegenzug auch in Entscheidungen involviert zu werden, Interaktion auf Augenhöhe und eine gewisse Optionenvielfalt, um entscheiden zu können. Die Erwartungen dieser Generation an Strukturen nehmen dadurch ganz andere Dimensionen an, als es für Vertreter der Generation X oder der Babyboomer jemals vorstellbar gewesen wäre, sind sie doch im autoritären Stil erzogen, wodurch stark hierarchisch geprägte Organisationen lange akzeptierte Realität für sie waren, auch wenn auch ihnen Gleichberechtigung zunehmend wichtiger wurde.

Dadurch entsteht in unseren Augen einer der größten Unterschiede zu früheren Generationen: Die Generation Y sieht sich mehr als jede Generation vor ihnen dazu in der Lage, Einfluss auf ihr Leben zu nehmen und Dinge stetig zu verändern, die sie nicht akzeptieren möchten und können, wenn sie der bestmöglichen Verwendung ihrer Lebenszeit im Wege stehen. Eigenverantwortung wird damit zum Kernwert und Leitmotiv. Die Vertreter der Ypsiloner wollen sich als Schöpfer verstehen, die Umstände gestalten und nicht als Opfer der Umstände. Sie wollen frei und flexibel agieren, um sich jederzeit anderweitig entscheiden zu können. Besitz ist in diesem Zusammenhang beispielsweise ebenfalls weniger attraktiv, weil er zum Ballast wird. Er verliert seine Statuswirkung, weil er in den Augen dieser Generation mehr Nachteile als Vorteile bedeutet, grenzt er doch den Entscheidungsspielraum ein. Trends zur „Shared Economy", also der Entwicklung von Modellen, wie beispielsweise „DriveNow" oder „AirBnB", die eine gemeinsame Nutzung, beziehungsweise das Teilen, in den Vordergrund stellen, zeigen diesen Trend deutlich. Zudem wird Besitz auch deshalb abgelehnt, weil er separiert: Nur durch Teilen können partnerschaftliche Beziehungen gepflegt werden und diese sind das zweite wichtige Leitmotiv der Generation Y. Durch den partnerschaftlichen Erziehungsstil der Eltern geprägt, fühlen sie sich immer gleichberechtigt und niemals untergeben oder unterstellt. Hierarchien werden vor diesem Hintergrund abgelehnt. Eine faire Behandlung auf Augenhöhe ist für diese Generation selbstverständlich, unfaire Behandlung im Gegenzug absolut inakzeptabel.

Unterschiede entstehen lediglich über Inhalte. Hier liegt auch einer der Hauptfaktoren, weshalb sich die Akzeptanz und der Respekt gegenüber Führungskräften nicht mehr über einen Titel oder eine Hierarchiestufe ergeben. Sie entstehen immer nur über die Beziehungsebene und nachgewiesene Leistung und Kompetenz, die den gemeinsamen Zielen dienen (vgl. [10]).

Dadurch kommt den Führungskräften eine besonders wichtige Rolle in der Motivation und Bindung der Mitarbeiter zu. Ihr Führungsverhalten nimmt maßgeblich darauf Einfluss, ob die Werte und Motive der Generation Y im Unternehmen gelebt werden können und damit die Zufriedenheit entsteht, die notwendig ist, um die Mitarbeiter auch langfristig zu binden. Aber wie wird nachhaltige Bindung vor dem Hintergrund dieser Ansprüche am besten sichergestellt?

11.2 Die Rolle der Führungskräfte im digitalen Zeitalter: Warum sie der eigentliche Bindungsfaktor sind

Es ist wichtig, zu betonen, dass Mitarbeiterzufriedenheit nicht mit Mitarbeiterbindung gleichzusetzen ist. Dennoch ist Mitarbeiterzufriedenheit eine zentrale Bedingung für Bindung. Sie liefert wichtige Ansatzpunkte im Retention Management. Zufriedenheit lässt sich dabei recht vereinfacht als Ergebnis aus dem Vergleich von Erwartungen und Erfahrungen beschreiben. Im Arbeitskontext bedeutet dies, dass sich Mitarbeiterzufriedenheit aus dem Vergleich dessen ergibt, was der Mitarbeiter im Alltag erfährt und was er auf der Basis von Gesprächen und den Botschaften des Employer Brandings erwartet hat. Erlebt er im Unternehmensalltag genau das, was ihm kommuniziert wurde und er erwartet hat, ist er zufrieden. Liegen die Erfahrungen unter seinen Erwartungen, ist er unzufrieden. Liegen die Erfahrungen aber über den Erwartungen, ist der Mitarbeiter begeistert (Abb. 11.1). Nicht Zufriedenheit sondern Begeisterung sollte das Ziel des Retention Management sein, denn erst auf dieser Stufe ist eine Beziehung für einen Mitarbeiter dauerhaft lohnenswert.

Abb. 11.1 Modell Mitarbeiterzufriedenheit

Darüber hinaus löst auch nur eine Übererfüllung der Erwartungen positive Mundpropaganda aus, die dann wiederum positiv auf die Arbeitgebermarke abstrahlt und damit nicht nur bei der langfristigen Bindung, sondern auch im Recruiting hilft (vgl. [9]).

Aus diesem Modell folgen zwei Erkenntnisse für das Retention Management: Zum einen ist es wichtig, in der Beziehung zum Mitarbeiter Erwartungen klar zu managen, damit niemand mit Erwartungen in den Prozess geht, die nicht erfüllt werden können. Authentische Botschaften im Employer Branding und ehrliche Aussagen im Bewerbungsprozess sowie im Mitarbeitermanagement sind damit ein absolutes Muss. Versprechen Sie nie etwas, das Sie nicht halten können, sonst nehmen Sie sich schon mit dem Start einer Arbeitsbeziehung jede Grundlage für eine nachhaltige Bindung.

Zum anderen gilt es, die Erfahrungen möglichst positiv zu gestalten, indem auf die Dinge eingegangen wird, die für den Mitarbeiter besonders wichtig sind: seine Werte und Motive. Die Wahrnehmung von Glück und damit Zufriedenheit folgt der Erfüllung der eigenen Werte und Motive. Es ist daher essentiell, sich mit dem auseinander zu setzen, was für den einzelnen Mitarbeiter wichtig ist, und ihm dies zu ermöglichen – und das unterscheidet sich letztendlich von Person zu Person (vgl. [11]). Auch wenn die Elemente Entscheidungsfreiheit und partnerschaftliche Beziehung auf Augenhöhe für die meisten Vertreter der Generation Y wichtig sind und gewissermaßen als übergeordnete Handlungsmaxime verstanden werden können, so hat jeder Mensch unterschiedliche Ziele und Motive. Das „Bestmögliche" ist damit für jeden Mitarbeiter etwas anderes und es ist Aufgabe des Managers, diese Unterschiede zu erfassen und darauf einzugehen. Nur wenn der Manager jeden einzelnen Mitarbeiter als Individuum wahrnimmt und seine Motive und Potentiale erfasst, kann er ihm helfen und motivieren und seiner Yolo-Lebensphilosophie während der gemeinsamen Zielverfolgung gerecht werden. Dem Manager kommt also eine zentrale Bedeutung zu: Seine Fähigkeiten, seine Persönlichkeit und seine emotionale Intelligenz entscheiden darüber, wie sehr er auf den einzelnen Mitarbeiter eingehen und ihn motivieren kann. Systeme, die als „one size fits it all" für die gesamte Belegschaft ausgelegt werden, greifen nicht mehr optimal. Es gilt, auf jeden Mitarbeiter individuell einzugehen und ihn zu unterstützen, um ihm die bestmögliche Entwicklung zu ermöglichen und ihn damit zu begeistern. Ermutigt die Führungskraft den Mitarbeiter dazu, sich zu entwickeln und fördert diese Entwicklung, entsteht ein tiefes Vertrauensverhältnis und auf dieser Basis wiederum eine Beziehung: Die Führungskraft signalisiert, dass sie am Wohlergehen und der Weiterentwicklung des Mitarbeiters interessiert ist und dieser damit nicht in einer Rolle bleiben wird, die nicht seinem vollen Potential entspricht.

Manager nehmen damit zentralen Einfluss auf die Zufriedenheit der Mitarbeiter, da sie Gespräche führen, kommunizieren, Entscheidungen und Zielvereinbarungen treffen und damit definieren, inwieweit es dem Mitarbeiter möglich ist, seine Motive innerhalb seines Aufgabengebiets zu leben. Es ist die Aufgabe des Vorgesetzten, in diesen Gesprächen Erwartungen zu erfassen, darauf zu reagieren und sie bestenfalls zu übertreffen, um den Mitarbeiter langfristig zu binden. Schafft es der Manager nicht, die Erwartungen des Mitarbeiters mindestens zu erfüllen, wird sich der Mitarbeiter relativ zügig für eine Kündigung entscheiden, solange derselbe Manager für ihn verantwortlich ist, weil der Mitarbeiter in der Konstellation nicht davon ausgehen kann, dass seine Lebenszeit sinnvoll eingesetzt ist. Wenn keine Änderung zu erwarten ist und der Mitarbeiter unzufrieden ist, hilft auch in der Regel mehr Gehalt nicht weiter: Folgender Interview ausschnitt von einer Mitarbeiterin, die ein großes Unternehmen verlassen hat, verdeutlicht das eindrucksvoll:

„He's not a bad man," she admits. „He's just not a manager. He's insecure, and I don't think you can be insecure and a good manager. It makes him compete with his own people. It makes him boast about his high-style living, when he should be listening to us. And he plays these silly little power games to show us who's the boss. Like last week, he didn't show up for a 10 a.m. interview with a candidate who had made a two hour commute just to see him, because he had stayed out much too late the night before. He called me at nine fifty-five A.M., asked me to break the news to her, and tried to make it seem like he was giving me some kind of compliment, that he could really trust me to cover for him. I can't stand behavior like that."…. When Sharon told her company that she was considering leaving, they offered her more money and a bigger title, to try and coax her back. But they didn't offer her what she wanted the most: a new manager. So she left." (Vgl. [3]„Why Managers Trump Companies").

Zahlreiche Studien bestätigen die Aussage, dass der Manager zentrales Element der Bindung im Unternehmen ist und die verbreitete Aussage „people join companies but leave managers" heute zutreffender denn je ist. Bereits 1999 hat das Gallup-Institut in einer Befragung von über einer Million Mitarbeitern erschlossen, dass ein schlechter Manager der Hauptgrund dafür ist, weshalb Mitarbeiter ihre Unternehmen verlassen (vgl. [3]). Leigh Branham ermittelte in seinen Studien, die er in seinem Buch „7 Hidden Reasons Employees leave" (vgl. [2]) zusammenfasst, dass der Verlust von Vertrauen in und Glauben an den Manager die Hauptgründe für Mitarbeiter sind, das Unternehmen zu verlassen.

An dieser Stelle entstehen gerade für Start-ups die größten Herausforderungen: Während junge Unternehmen im Recruiting bereits sehr viel richtig machen und gegenüber weniger agilen, etablierten Unternehmen in der Anziehung neuer Mitarbeiter punkten, fehlen ihnen mit Blick auf das Managementteam häufig die Möglichkeiten, die etablierte Unternehmen haben. Wenn Start-ups schnell wachsen, sind sie gezwungen, auch schnell zu befördern und meist sehr junge Mitarbeiter zu Managern für große Teams zu machen, auch wenn sie noch keine Management-Erfahrung mitbringen. Gleichzeitig fehlt den Gründern selbst meist die Führungserfahrung und damit das Verständnis dafür, wer das Managementteam mit welchen Inhalten ausbilden sollte oder auf welche Weise in ihre Führungskräfte investiert werden müsste. Häufig wird dieser Aspekt im Alltag vernachlässigt und mit letzter Priorität behandelt, bis es zu massiven organisatorischen Problemen mit hoher Unzufriedenheit und Fluktuation kommt. Dann ist es jedoch letztlich in der Regel schon zu spät: Mitarbeiter machen ihrem Unmut Luft und hinterlassen unwiderruflich ihre Meinungen in ihren Netzwerken und die Employer Brand leidet. Ein Mechanismus, dem man frühzeitig begegnen sollte, in dem man von Anfang an in die Ausbildung des Managements investiert und eine Führungskultur entwickelt, die darauf basiert, individuelle Erwartungen abzuholen und zu übertreffen, um jeden einzelnen Mitarbeiter zu binden, den man auch binden möchte.

Im Finden geeigneter Manager, die auch kulturell für Start-ups geeignet sind, bestehen daher die größten Einschränkungen mit Blick auf den Kandidatenmarkt. Ihnen kommt die größte Bedeutung im „War for Talent" zu, weil sie es in der Hand haben, den Mitarbeiter davon zu überzeugen, dass es sinnvoll ist, sich von ihnen begleiten und weiterentwickeln zu lassen. Nur wenn der Mitarbeiter in der Person der Führungskraft jemanden sieht, dem es sinnvoll ist zu folgen, weil er sich um dessen Wohlergehen und Potentialentfaltung kümmern wird, wird er ins Unternehmen kommen und vor allem auch im Unternehmen bleiben. Führungskräfte werden damit zum ausschlaggebenden Faktor im „War for Talent". Investitionen in die Rekrutierung, die Ausbildung und die Persönlichkeitsentwicklung des Managements sind damit die sinnvollsten Investitionen im Retention Management überhaupt. Alle anderen Maßnahmen sind nur eine Oberflächenbeschönigung, die nicht den Kern der Sache erfasst.

Vor allem Start-ups sollten deshalb beginnen, diese Erkenntnisse zu berücksichtigen und beginnen ihr Managementteam zu evaluieren, das heißt, insbesondere zu überprüfen, inwieweit ihre Führungskräfte in der Lage sind, auf die entstehenden Veränderungen zu reagieren und die notwendigen Anforderungen zu erfüllen. Die Manager, welche die Anforderungen auch mit zusätzlichen Ausbildungen nicht erfüllen können werden, sollten nachbesetzt werden; diejenigen, bei denen eine Entwicklung möglich ist, sollten zeitnah ausgebildet werden. Es wird künftig die oberste Aufgabe der Führungsriege der Organisation sein, die richtigen Manager ins Unternehmen zu holen, auszubilden und sich um die Stabilität der Beziehungen im Unternehmen zu kümmern.

Dafür wird ein von den Köpfen der Organisation entwickelter und auf den Unternehmenswerten basierender Führungsansatz benötigt, der konsequent in alle Managementsysteme übertragen werden muss. Erst wenn ein solches System kohärent umgesetzt wurde, können sich die Führungskräfte des Unternehmens authentisch an den Werten ausrichten und die Employer Brand eben auch das halten, was sie verspricht. Denn es sind die Führungskräfte, die mit ihren alltäglichen Handlungen Signale in der Vorbildfunktion setzen, die die Botschaften der Employer Brand unterstützen. Erst dann wird ein Arbeitgeber tatsächlich attraktiv und betreibt nicht nur durch kosmetische Einzelmaßnahmen, wie das Versprechen eines Kickers oder Ähnlichem, Oberflächenbeschönigung. Hier gilt: Nur, was wirklich gut ist, setzt sich auch nachhaltig durch. Genau hierauf sollte der Fokus des Führungsteams und der Fokus der strategischen Personalarbeit liegen.

Wer Talente anziehen und nachhaltig binden will, muss also anfangen sich intensiv mit seinen Führungskräften auseinanderzusetzen, auch wenn es hohe Investitionen bedeutet. Nur wem es gelingt, die besten Führungsköpfe an Bord zu holen und auszubilden, wird es auch schaffen, die Herausforderungen im Recruiting und Retention Management im digitalen Zeitalter zu meistern. Hier wird dann die Aussage gelten „die Unternehmen mit den besten Führungsköpfen werden die besten Mitarbeiter haben".

11.3 Anforderungen an Führungskräfte im digitalen Zeitalter: Warum Manager zu Coaches werden

Wie sehen die Anforderungen der Vertreter der Generation Y an ihre Manager nun konkret aus? Sie sind es meist aus ihrem Elternhaus gewohnt, starke Figuren an ihrer Seite zu haben, die sie in ihrer Persönlichkeit kennen, auf sie eingehen, an den richtigen Stellen fordern und fördern, aber in Überforderungssituationen auch schützen. Nach dieser Figur suchen sie auch im Berufsleben: Wenn Erziehung geprägt ist von Partizipation und partnerschaftlichem Denken, stößt autoritärer Führungsstil, der auf Hierarchien beruht, auf Unverständnis und Ablehnung. Gewünscht wird vielmehr eine Beziehung, in der beide gleichberechtigte Partner sind – und dies gilt nicht nur für die Generation Y. Als Führungskraft akzeptiert werden kann nur, wer der Rolle einer Führungskraft auch wirklich gerecht werden kann und das bedeutet im digitalen Zeitalter, Verantwortung für die Geführten zu übernehmen, zu fördern und den Weg zum Ergebnis zu begleiten ohne zu bevormunden oder Macht im negativen Sinn auszunutzen.

Verantwortung für das Individuum zu übernehmen, bedeutet auch, auf jeden Mitarbeiter im Team individuell einzugehen, seine Erwartungen abzuholen, ihm im Alltag zu geben, wonach er strebt, um wiederum die Erwartungen der Teammitglieder zu übertreffen und damit bestmögliche Ergebnisse zu erzielen. Da alle Teammitglieder nach dem Besten streben, aber dennoch eine exzellente Teamstimmung gewünscht ist, ist es außerdem die Verantwortung des Managers, das Team so zusammenzustellen, dass keine extremen Wertekonflikte entstehen, und auch auf die Fairness zwischen den Teammitgliedern zu achten. Der Manager ist in diesem Kontext vor allem derjenige, der die Ergebniserreichung im Blick hat und fördert und das dafür nötige Team so zusammenstellt, dass alle an einem Strang ziehen und ihre Handlungen an kompatiblen Werten ausrichten. Dabei erfolgt in Kombination mit der Ergebnisorientierung ein großer Teil der Kontrolle über die Teammitglieder untereinander. Fehlverhalten wird offen aus Interesse der Erhaltung der Beziehung angesprochen oder spätestens bei ausbleibenden Ergebnissen bestraft.

Eine echte Beziehung bedeutet Förderung, welche die Ypsiloner meist gerne annehmen, insbesondere von Führungsfiguren, von denen sie lernen können, da sie ihnen in puncto Reife, Reflektion oder Inhalten voraus sind. Die Vertreter der Generation Y wollen zwar eigenverantwortlich arbeiten, dies bedeutet aber nicht – wie häufig fehlinterpretiert – dass sie allein gelassen werden wollen. Die Unterstützung einer sie fördernden Führungskraft nehmen sie gerne an, sofern ihnen genug Freiraum bleibt. An dieser Stelle liegt ein vermeintliches Paradoxon, das die Manager der Generation X selten richtig interpretieren. Eigenverantwortlichkeit und Wunsch nach Führung schließen sich nicht aus – sie erfordern aber eine Anpassung im Managementstil und eine Anpassung des Rollenverständnisses des Managers, der zum Begleiter und Coach im Unternehmen wird und fast die Rolle einer starken Elternfigur einnehmen muss, die das richtige Maß an Orientierung liefert, gleichzeitig aber die Förderung der Selbständigkeit im Auge hat. Bei solch einer Beziehung steht die Verbindung zum Gegenüber unabhängig von dem funktionalen Kontext im Mittelpunkt und sollte damit durch Vertrauen, Respekt, Wertschätzung und Gegenseitigkeit gekennzeichnet sein.

Häufig wird der Wunsch der Generation Y nach Informationen, Planungssicherheit und Verantwortungsübernahme durch die Führungskraft mit einem Wunsch nach Sicherheit gleichgesetzt (vgl. [5], S. 14). Hierbei geht es aber weniger um Sicherheit per se, sondern eher darum, regelmäßig überprüfen zu können, ob der eingeschlagene Karriereweg immer noch der beste im Sinne des YOLO-Prinzips ist. Dabei wägt der Mitarbeiter ständig ab, ob der durch ihn ins Unternehmen gegebene Wert mindestens dem Wert entspricht, den er zurück erhält. Entwicklung und Work-Life-Integration werden dabei in der Regel höher bewertet als Materielles, da dies im Sinne einer fairen Behandlung fast vorausgesetzt wird. Nur so lange hier ein Gleichgewicht besteht, wird die Beziehung auch auf Augenhöhe wahrgenommen und auch als weiterführungswürdig betrachtet.

Mit Blick auf die Aufgaben, ist es der Generation Y meist sehr wichtig, eine herausfordernde und wirkungsvolle Arbeit auszuführen (vgl. [12], S. 117), mit der sie einen Beitrag zum großen Ganzen, der Vision, beitragen können, welche sie wiederum mit ihren eigenen Werten unterstützen. Dabei orientieren sie sich zwar nach Vorgaben für die Zielerreichung, möchten aber die Freiheiten und Mitgestaltungsmöglichkeiten bei der Umsetzung auf dem Weg zur Zielerreichung. Ergebnisorientierung wird dadurch zum zentralen Element des notwendigen Führungsstils. Nicht der Weg ist entscheidend, sondern das Erreichen des Ergebnisses steht im Vordergrund. Der Führungskraft kommt dabei die Aufgabe zu, die Mitarbeiter über Begleitung, das Setzen eines Toleranzrahmens, die Korrektur und auch einer konstanten Weiterentwicklung zum Erfolg zu führen. Denn Erfolg und Leistung sind für die Mitglieder der Generation Y neben der bindenden Vision durchaus wichtig, weil soziale Anerkennung weitere Entwicklungsmöglichkeiten im Sinne von YOLO bringt und damit auch der Selbstverwirklichung dient.

Spannende Aufgaben und eine starke Vision sind wie bereits erläutert sehr wichtig für die Identifikation, tragen alleine jedoch nur eine begrenzte Zeit: Nachhaltige Stabilität entsteht nur über eine Beziehung. Eine Beziehung, die sinnvoll für die Entwicklung des Mitarbeiters ist, trägt auch über Krisenzeiten oder Zeiten mit „schlechten" Aufgaben hinweg – und die gibt es in jedem Unternehmen. Der Manager wird dabei zum begleitenden Coach, der die persönliche Entwicklung während der Zielerreichung vorantreibt. In diesem Zusammenhang wird von Führungskräften immer mehr erwartet, dass sie ihre eigene Persönlichkeit ebenso wie ein Coach weitestgehend zurücknehmen können, um das Gegenüber als Individuum unterstützen zu können und seinen eigenen Weg gehen zu lassen – nicht den der Führungskraft. Damit steigen die Anforderungen an die persönliche Reife und emotionale Intelligenz künftiger Manager immens und hier entsteht der eigentliche Flaschenhals der Zukunft: Emotional reife, professionelle und exzellent ausgebildete Manager, die in der Lage und vor allem auch gewillt sind, sich selbst für die Interessen der anderen und die der Organisation zurück zu nehmen.

Soll ein Mitarbeiter im digitalen Zeitalter also länger ans Unternehmen gebunden werden, gilt es, als Führungskraft echte Beziehungen aufzubauen, denn sie ermöglichen es der Generation Y ihre Motive zu leben und damit motiviert und begeistert zu arbeiten. Solch eine Beziehung garantiert optimale Ergebnisse, weil in einem relativ geschützten Umfeld eigenverantwortliche Entscheidungen getroffen werden können. Befindet sich ein Mitarbeiter in solch einer Förderbeziehung mit einem Manager, ist der Verbleib im Unternehmen meist die dominante Strategie, bleibt es doch unklar, ob in neuen Umfeldern ähnlich günstige Umstände zu erwarten sind.

Zu betonen ist hierbei, dass mit einer Beziehung ausdrücklich keine Freundschaft gemeint ist. Ganz im Gegenteil: Eine freundschaftliche Beziehung ist im Führungskontext nicht hilfreich, da mit diesem Rollenverständnis kaum mehr die fördernde Rolle des Coaches oder des Elternteils eingenommen werden kann, der das Gegenüber aus der Komfortzone führen kann, um Entwicklung anzustoßen oder Schutz zu geben. Manager müssen vor dem Hintergrund ihrer Erfahrung eine Richtung geben und Entwicklung fördern. Darauf basiert der Respekt, der ihnen entgegengebracht wird und hierin liegt die einzige anerkannte Hierarchie in der Beziehung. Der Respekt wiederum hilft, Grenzen setzen zu können, wenn es notwendig ist. Ist der Manager durch mangelnde Kompetenz nicht in der Lage, Mitarbeiter zu managen, fehlt so auch der Kontext für die Beziehung. Das bedeutet also, dass es ohne Kompetenz nur schwer möglich ist, Mitarbeiter der Generation Y zu managen und auch zu binden. Nur wer fachlich respektiert wird, bringt die Vertreter der Generation Y hinter sich.

Management wird damit zu einer sehr zeitintensiven Aufgabe, die starke Persönlichkeiten erfordert. Daher ist es gerade im Start-up umso wichtiger, die richtigen Mitarbeiter zu binden, welche ohnehin auch nur dann zu binden sind, wenn sie grundsätzlich zur Phase des Unternehmens und zur Unternehmenskultur passen. Retention Management beginnt bereits mit dem Recruiting und der Auswahl der Richtigen. Ebenso ist es jedoch auch Rolle der Führungskraft und Teil von Retention sich von denjenigen zu trennen, die die Erwartungen nicht erfüllen oder deren Erwartungen das Unternehmen nicht erfüllen kann. Recruiting und Retention Management gehören damit untrennbar zusammen, besonders vor dem Hintergrund, dass Recruiting zur Endlosschleife wird, wenn es nicht gelingt, Mitarbeiter nachhaltig zu binden.

Die Anforderungen an den idealen Manager und die daraus resultierenden Maßnahmen sind enorm. Wichtig ist allerdings zu verstehen, dass es nicht um spezifische und öffentlichkeitswirksame Einzelmaßnahmen geht, sondern wichtiger ist, die zugrunde liegenden Erwartungen zu verstehen, um die richtigen Maßnahmen, die von Unternehmen zu Unternehmen verschieden sein können, anzustoßen. Kicker, Catering und weitere tolle Bindungsmaßnahmen, derer sich fast alle Start-ups bedienen, sind dabei nicht unbedingt ausschlaggebend für eine nachhaltige Mitarbeiterbindung. Viel wichtiger ist es, den eigenen Mitarbeitern zuzuhören, um zu verstehen, was sie für ihre Zielerreichung benötigen. Grundsätzlich gilt es, den Mitarbeiter als Menschen in den Mittelpunkt zu stellen und so eine Beziehung aufzubauen, die Halt und Entwicklung bei der Zusammenarbeit sicherstellt. Denn es gilt immer das Prinzip: „Ich folge, wem ich wichtig bin und bei dem ich mich verwirklichen kann." Und genau dieses Prinzip, muss mit jeder Handlung der Führungskraft adressiert werden. Die Mitarbeiter werden darauf mit Vertrauen, Commitment und Motivation antworten. Management bedeutet also in dieser Definition, sich soweit als Person zurück zu nehmen, wie es der eigenen Identität erlaubt ist, um über eine fördernde Beziehung die Mitarbeiter entlang ihrer Motive zu begleiten, um bestmögliche Inhalte und Ergebnisse zu erzielen.

Der perfekte Manager im digitalen Zeitalter

- stellt den Mitarbeiter als Menschen in den Mittelpunkt und ist an seinem Wohlergehen und seiner Weiterentwicklung interessiert.
- übernimmt Verantwortung für diejenigen, die ihm folgen und managt über Ergebnisorientierung.
- baut Beziehungen zu den Mitarbeitern auf und behandelt sie respektvoll als Partner.
- fördert die Beziehungsebene im gesamten Team, indem er auf kulturelle Passgenauigkeit im Team achtet und die Entwicklung starker Beziehungen fördert.
- sieht sich als Begleiter, Coach und Befähiger des Teams, nicht als Kontrolleur.
- erarbeitet sich Respekt über die Kompetenz- und Beziehungsebene, indem Vertrauen nicht enttäuscht wird.
- ist in der Lage sich soweit als Person zurückzunehmen, dass er auf die Motive eingehen kann, auch wenn sie nicht den eigenen entsprechen.
- ist in der Lage, Entwicklungen und Konsequenzen von Entscheidungen durch starke Analytik, hohes Fachverständnis und Erfahrung zu antizipieren.
- ist emotional intelligent (vor allem empathisch) und absolut kommunikationsstark.
- ist sehr reflektiert und in der Lage sich selbst und die eigenen Emotionen zu managen (nicht zu unterdrücken).
- schafft es, eine Rolle einzunehmen, in der er den Mitarbeitern Orientierung geben kann, aber dennoch Freiräume in der Umsetzung ermöglicht. Ähnlich einem Coach gibt er Hilfe zur Selbsthilfe.
- ist in der Lage, Veränderungen schnell zu erfassen, die nötigen Entscheidungen schnell vorzubereiten und das Team abzuholen und mitzunehmen.

11.4 Companionship: Warum es Zeit für einen neuen, integrativen Führungsansatz wird

Um all den Erwartungen und Wünschen der Mitarbeiter im digitalen Zeitalter gerecht zu werden, ist es Zeit, Führung neu zu denken und einen neuen Führungsansatz zu verwenden, der funktionierende Prinzipien übernimmt und mit den beschriebenen kombiniert. Ein Führungsstil, in dem die Führungskraft beziehungsweise der Manager wie erläutert die Rolle desjenigen einnimmt, der einen Raum für diejenigen schafft, die er führt. Einen Raum, in dem sich die Teammitglieder individuell entfalten können, aber dennoch auf ein gemeinsames Ziel mit vorgegebenen Ressourcen hingearbeitet wird, denn bei aller Rücksicht auf die Mitarbeiter muss eine Organisation vor allem ihre Ziele erreichen. Der Manager schafft dabei einen Raum, in dem sich der Mitarbeiter in einem Handlungsrahmen frei bewegen, ausprobieren und lernen kann und dabei auf ein gemeinsames Ziel zusteuert, das

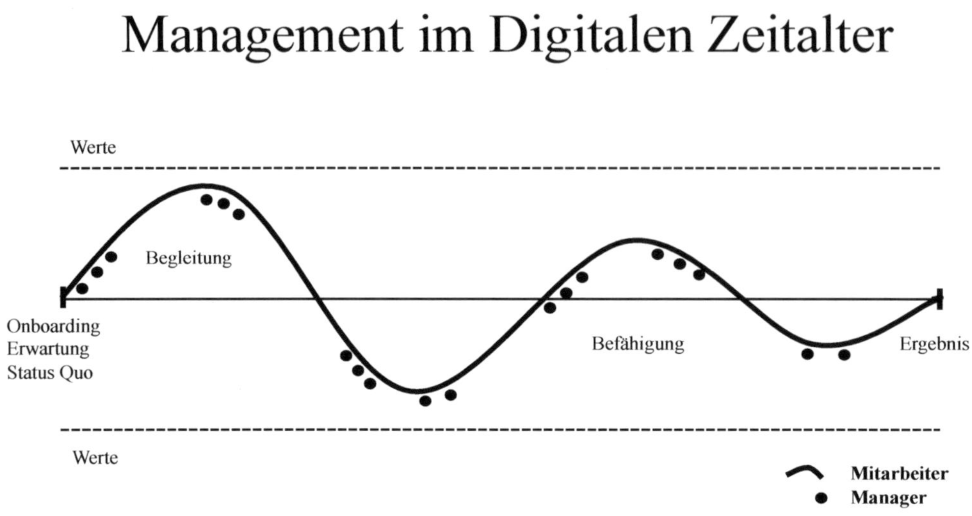

Abb. 11.2 Management im Digitalen Zeitalter

der Manager konstant im Auge behält. Dadurch kann er die Interessen des Unternehmens, des Mitarbeiters und damit letztlich auch seine eigenen Interessen umsetzen.

Der Mitarbeiter wird in diesem Modus immer stärker zum eigenverantwortlich agierenden Intrapreneur ausgebildet, das Team zu einer Gruppe von Intrapreneuren, die sich gegenseitig steuern und lediglich durch den Manager moderiert und befähigt werden. Da es in diesem Ansatz Kernaufgabe der Führung ist, zu begleiten, zu befähigen und zu unterstützen, haben wir den Begriff „companionship" (englisch für Begleitung) für die Beschreibung des Ansatzes gewählt (Abb. 11.2).

In diesem Führungsansatz werden Prinzipien aus transaktionalem und transformationalem Führungsstil sowie funktionierende Managementprinzipien kombiniert und um die Prinzipien der werteorientierten Führung ergänzt. Auch der Begriff „Supportive Leadership" beschreibt den Ansatz sehr gut.

Das dargestellte Modell funktioniert nach dem Prinzip „Eigenverantwortung und Freiheit, aber im Rahmen des Vertretbaren" – man könnte es fast „kontrollierte Freiheit" nennen – und enthält folgende Komponenten:

- Zu Beginn der Zusammenarbeit oder eines neuen Bewertungszeitraums wird ein gemeinsamer Status quo sowie eine Zielsetzung für einen bestimmten Zeitraum sowie die gemeinsame Erwartungshaltung definiert. Dieser Schritt ist Grundlage für das Erwartungsmanagement und damit für die gegenseitige Zufriedenheit.
- Für die Erreichung des Ziels wird vom Manager kein Weg vorgegeben, lediglich die Richtung und die Zielsetzung wird definiert. Der Mitarbeiter kann unter der Annahme, dass mehrere Wege zum gleichen Ziel führen können, eigenverantwortlich agieren und ein Vorgehen wählen (ältere Ansätze gingen davon aus, dass der Manager den bestmöglichen Weg kennt und vorgeben muss).

- Da das Ergebnis, nicht die Ausführung selbst, im Zentrum steht, werden Möglichkeiten für die Flexibilisierung der Arbeit geschaffen: Es ist nicht relevant, wann oder wie gearbeitet wird, sondern nur, dass zum vereinbarten Zeitpunkt die Ergebnisse vorhanden sind. Verbindlichkeit wird zum zentralen Managementwert.
- Der Manager lässt den Mitarbeiter dabei jedoch nicht allein, sondern begleitet ihn bei seinen Entscheidungen über regelmäßige Gespräche. Er ist, sofern notwendig, Sparringspartner und Befähiger, der externe oder interne Barrieren gemeinsam mit dem Mitarbeiter aus dem Weg räumt, um die Ziele bei allem Handlungsrahmen möglichst effizient zu erreichen.
- Den Handlungsrahmen aller Aktivitäten liefern die gemeinsam besprochenen Werte und Prinzipien, wie beispielsweise Effizienz, Pragmatismus, Nachhaltigkeit, Zielorientierung oder ähnliche. Sie liefern Orientierung und bilden den Rahmen, der Mikromanagement und enge Kontrolle ersetzt. Je besser dabei die Kultur beziehungsweise die unternehmensrelevanten Werte definiert sind, desto weniger Kontrolle wird nötig.
- Der Manager greift nur dann ein, wenn ein Wert verletzt wird oder der Mitarbeiter Unterstützung benötigt. Er ist dabei dafür verantwortlich, Grenzen klar zu kommunizieren und eine nochmalige oder weitere Überschreitung zu verhindern, oder dem Mitarbeiter dabei zu helfen, die richtige Entscheidung zwischen verschiedenen Handlungsoptionen zu treffen. Hier liegt der Unterschied zum reinen Laissez-faire-Führungsstil, da der Mitarbeiter keineswegs sich selbst überlassen werden darf und Begleitung sinnvoll und nötig ist.

Gerade für Start-ups lassen sich damit zwei Fliegen mit einer Klappe schlagen: Für die Talente der Zukunft wird Raum für eigenverantwortliches Arbeiten und damit eine Motivations- und Bindungsgrundlage geschaffen. Gleichzeitig wird damit unnötiges Mikromanagement überflüssig und somit der Weg zu mehr Effizienz geebnet.

11.5 Die Implementierung einer Companionship-Kultur: Warum Mitarbeitergespräche das zentrale Führungsinstrument sind

Wie wird dieser Ansatz nun in die Praxis umgesetzt? Grundvoraussetzung dafür ist der regelmäßige Austausch zwischen Mitarbeiter und Manager, um die gegenseitigen Erwartungen und vor allem Ergebnisse bewerten zu können und die Zufriedenheit auf beiden Seiten zu jedem Zeitpunkt im Blick zu haben. Die Umsetzung dieses Modells erfolgt daher in erster Linie über Gespräche, die einem bestimmten Rhythmus folgen (Abb. 11.3) Die Herausforderung dieses Ansatzes ist der hohe Individualitätsgrad der Führung, der entscheidend dafür ist, jeden einzelnen abzuholen, was wiederum wichtig ist, weil Zufriedenheit der Werteumsetzung der Mitarbeiter folgt. Wir beschreiben den Managementstil, der notwendig ist, um die Companionship-Führungskultur zu implementieren, daher als „Customized Management", also das auf den einzelnen Mitarbeiter zugeschnittene Abholen und Bedienen der Erwartungen bei gleichzeitiger zielorientierter Führung.

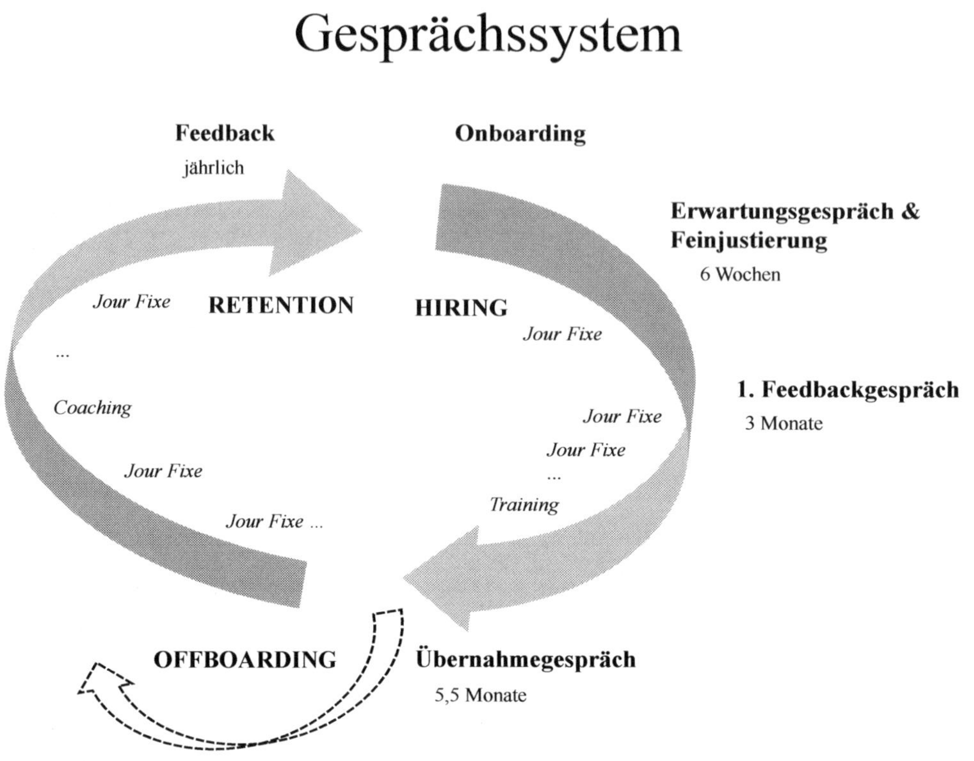

Abb. 11.3 Gespr+ñchssystem

Die Umsetzung der Companionship-Führungskultur erfolgt in unserem Modell im Wesentlichen über eine bestimmte wiederkehrende Abfolge von Mitarbeitergesprächen, in denen beide Seiten regelmäßig den aktuellen Status quo, die Ziele und die weiteren Erwartungen miteinander besprechen. Auf diese Weise können jeweils individuelle Maßnahmen im Anschluss veranlasst werden. Gerade während der Probezeit sollte hierauf ein besonderer Fokus gelegt werden, um mit dem Ablauf der Frist eine sehr bewusste Entscheidung füreinander oder gegeneinander treffen zu können. Denn nur bei gegenseitiger Begeisterung kann die Vakanz auch als exzellent besetzt gelten. Während der Probezeit empfiehlt sich daher eine höhere Frequenz der Gespräche:

- **Erwartungsgespräch**: Wie bereits in Kap. 10 erläutert, wird im Rahmen des Onboarding in den ersten Wochen der Beschäftigung ein Gespräch geführt, in dem der Manager sowohl den Status quo des Unternehmens und Bereiches erläutert als auch die gewünschte Zielerreichung der nächsten Monate. In diesem Zusammenhang ist es wichtig, dem Mitarbeiter zu erläutern, welche Rolle er bei der Umsetzung der Vision einnehmen wird und welche Aufgaben und Ziele damit verbunden sein werden. Darüber hinaus werden Werte und damit gegenseitige Verhaltenserwartungen besprochen. Vor dem Hintergrund der Ergebnisorientierung ist es unvermeidlich, auf Verbindlichkeit und Eigenverantwortung als wichtigste Werte, die dem Modell zugrunde liegen, hinzuweisen. Auch der Mitarbeiter sollte in diesem Gespräch die Chance haben, seine Erwartungen zu kommunizieren, da auch er nur begeistert werden kann, wenn die Erwartungen, die es zu übertreffen gilt, bekannt sind und die Gegenseitigkeit wichtigstes Signal der partnerschaftlichen Beziehung ist.

- **6-Wochen-Gespräch**: Nach den ersten 6 Wochen sollten Manager und Mitarbeiter ein erstes Gespräch führen, das der Feinjustierung der Aufgaben und Rolle dient. Gerade wenn ein Unternehmen noch sehr jung und die Rollen damit breit angelegt sind, ist dieses Gespräch wichtig. Hierin wird erläutert, inwieweit die Annahmen des Erwartungsgesprächs realistisch waren und gegebenenfalls angepasst werden müssen, insbesondere auch wenn sich aufgrund der starken Dynamik und ersten Erkenntnisse bereits erste Rollenverschiebungen ergeben haben.
- **3-Monats-Gespräch**: Nach 3 Monaten sollten Mitarbeiter und Manager spätestens ein erstes Feedback-Gespräch führen, in dem gemeinsam evaluiert wird, ob und inwieweit grundsätzliche Erwartungen gegenseitig erfüllt werden konnten und die Rollenbesetzung stimmig ist, oder ob es gegebenenfalls sogar geeignetere Rollen gibt. Nach spätestens 100 Tagen lässt sich diese Einschätzung sehr gut vornehmen. Auswahlfehler oder Besetzungsfehler bemerkt und korrigiert man in der Regel bereits mit diesem Gespräch im gegenseitigen Interesse.
- **Übernahmegespräch**: Kurz vor dem Ablauf der Probezeit sollte ein weiteres Gespräch stattfinden, in dem die Probezeit gemeinsam bewertet wird und eine bewusste Entscheidung für oder gegen eine Fortführung des Beschäftigungsverhältnisses getroffen wird. Sowohl der Mitarbeiter als auch der Manager sollten sich kritisch fragen, ob sie wirklich begeistert voneinander sind. Nur wer mit voller Leidenschaft und in perfekter Besetzung in einer Rolle agiert, kann zu Höchstform und höchster Motivation auflaufen. Besetzungen, die lediglich in Ordnung sind, sollten daher, auch wenn es im Zweifelsfall Auseinandersetzung bedeutet, in Frage gestellt werden. Denn eine Fortführung ohne Begeisterung bedeutet meist eine spätere Kündigung oder Rollenänderung. Dann greift aber meist auch der Kündigungsschutz. Trennungen nach dem Ablauf der Probezeit werden damit schwieriger und teurer. Das Übernahmegespräch ist neben dem Erwartungsgespräch das Wichtigste in der Probezeit. In den meisten Start-ups verstreicht der Ablauf der Probezeit aber ohne das Wissen der Manager. Bewusste Entscheidungen bleiben dann aus, was gerade für Start-ups teuer werden kann. Setzen Sie sich also schon mit dem Vertragsstart des neuen Mitarbeiters die Termine für die Gespräche.
- Von Beginn an ist es wichtig, mit dem Mitarbeiter auch **wöchentlich** circa eine Stunde Zeit für den gegenseitigen Austausch zur Verfügung zu stellen. Wenn man ansonsten sehr eigenverantwortlich und damit unabhängig voneinander arbeitet, sollte man sich in dieser Stunde die Zeit nehmen, ein Verständnis des Status quo zu erhalten, Informationen auszutauschen und über mögliche Probleme, Sorgen und Engpässe zu sprechen. So verhindert man proaktiv, dass Engpässe entstehen und signalisiert dem Mitarbeiter, ihn nicht alleine zu lassen.
- Auch **Feedback-Gespräche** gehören zu den regelmäßigen Mitarbeitergesprächen, die in keinem Unternehmen mehr fehlen dürfen. Während in der Probezeit mehrere Ge-

spräche stattfinden, geht man mit der Übernahme in eine geringere Gesprächsfrequenz. Je nach Dynamik des Unternehmens empfiehlt sich ein 3- bis 6-monatiger Rhythmus. Je schneller ein Unternehmen und die Rollen sich noch verändern, umso häufiger sollte man miteinander das Gespräch über die Rolle suchen. Mit verlangsamender Dynamik kann man dann auf einen halbjährigen Rhythmus umsteigen. Im Start-up sollten sechs Monate das Maximum des Abstands zwischen zwei Gesprächen sein, da die Mitarbeiter noch sehr jung sind und sich Rollen noch stark verändern. Ein Gespräch nur alle 12 Monate zu führen, würde den Mitarbeiter im Zweifelsfall zu lange allein in einer neuen, unbesprochenen Rolle lassen, die sich im Alltag ergeben hat.

Mitarbeiter erwarten im digitalen Zeitalter eine Art der Kommunikation, die ihnen gleichermaßen Orientierung und Identifikation, aber auch Partizipation ermöglicht. Höflichkeit und Respekt sind dabei eine Grundvoraussetzung, sprechen doch in ihrem Selbstverständnis gleichberechtigte Partner miteinander. Eine starke Vision und klare Prioritäten zu kennen und zu wissen, was von ihnen erwartet wird, ist ihnen genauso wichtig, wie bei Entscheidungen, die sie im Detail betreffen, abgeholt zu werden. Am besten würde es ihnen gefallen, Entscheidungen mit zu entscheiden. Sie verstehen aber auch, dass nicht jede Entscheidung basisdemokratisch getroffen werden kann, möchten aber Entscheidungen, die ohne sie getroffen werden, zumindest erläutert bekommen, um nicht gänzlich die Kontrolle darüber zu verlieren, was passiert.

Um die Partnerschaftlichkeit in der Beziehung sicherzustellen, ist es wichtig, die Gespräche mit der Einschätzung und dem Feedback des Mitarbeiters zu beginnen, denn ein Feedback-Gespräch ist heute keine Einweg-Kommunikation des Managers mehr, sondern sollte das Prinzip der Gegenseitigkeit berücksichtigen. Aus dem Bericht des Mitarbeiters lässt sich wertvoller Input zur Rollengestaltung und Organisation gewinnen. Außerdem ist eine Teilung der beidseitigen Aussagen in Status quo und Erwartungen sinnvoll. Aus dem Abgleich lassen sich dann auch Aussagen über die Entwicklungsmaßnahmen ableiten, egal ob es um die Weiterentwicklung der Rolle per se oder verbundene Gehaltsentwicklungen oder Entwicklungsmaßnahmen geht, die im Folgenden mit den relevanten Entscheidern abgesprochen werden können.

Führt man im Vorfeld regelmäßige wöchentliche Gespräche, sollte es im Feedback-Gespräch eigentlich keine negativen Überraschungen geben, da notwendige Korrekturen oder Werteverletzungen in dem Moment angesprochen werden sollten, in dem sie geschehen, um aus der Situation heraus die Optimierung vorzunehmen. Offenheit und Transparenz sind wichtige Prinzipien in partnerschaftlichen Beziehungen, daher sollte man Feedback direkt äußern, sobald es möglich und sinnvoll ist. Alles andere belastet die gemeinsame Beziehung unnötig und stört das gegenseitig notwendige Vertrauen.

Kündigungsgespräche sind daher auch immer Gespräche, die in logischer Konsequenz eines zuvor sehr transparenten Kommunikations- und Feedbackprozesses erfolgen und daher niemanden überraschen sollten (wenn es um leistungsbedingte Kündigungen geht). Vor einem Kündigungsgespräch muss demnach mindestens ein Kritikgespräch geführt werden, um dem Mitarbeiter die Möglichkeit für eine Korrektur zu geben, sofern es sich um eine vertretbare Werteverletzung handelt. Ein Kritikgespräch kann sich dabei aus einem wöchentlichen Gespräch entwickeln, wenn beispielsweise der Wert der Verbindlichkeit verletzt wurde und Ergebnisse nicht, wie miteinander vereinbart, erfüllt wurden. Eine Nichterreichung des Ziels ist dabei nicht per se ein Problem, sofern rechtzeitig kommuniziert wurde, dass die vereinbarte Frist nicht gehalten werden kann und Prioritäten neu abgesprochen wurden. Tritt dieser Bruch mehrfach und trotz Betonung im Erwartungsgespräch auf, ist in der Regel ein Kritikgespräch als gelbe Karte für den Mitarbeiter sinnvoll. Findet auch im Anschluss keine Verhaltensänderung statt, wird eine Kündigung legitim.

Gleichermaßen sollte dem Manager ein Handlungsrahmen vor allem in puncto Arbeitsort- und Arbeitszeitgestaltung gegeben werden, anstelle eines durch die Personalabteilung entwickelten starren Systems, das nicht auf das Individuum eingeht. Pragmatische, flexible Lösungen für die optimale Work-Life-Integration gewinnen im digitalen Zeitalter zunehmend an Bedeutung. Dies gilt auch für die Entwicklungsmaßnahmen: Um die Mitarbeiter im Sinne des Companionship-Ansatzes gleichzeitig bestmöglich und kontinuierlich zu entwickeln, müssen im Unternehmen klare Rahmen für Entwicklungsmöglichkeiten geschaffen werden und für die Personalentwicklung frühzeitig mit gesundem Menschenverstand ein Konzept entwickelt werden. Ein erster einfacher Schritt ist, wie bereits erläutert, die Einführung des Prinzips, „Entwicklung vor einer externen Rekrutierung", um so den einzelnen Teammitgliedern Entwicklung bieten zu können, auch wenn noch kein definiertes Entwicklungssystem oder vorgezeichnete Entwicklungsmöglichkeiten vorhanden sind.

Bei den Entwicklungsmaßnahmen ist grundsätzlich zwischen Maßnahmen zu unterscheiden, die der allgemeinen Entwicklung der Mitarbeiter mit Blick auf unternehmensspezifisches und rollenrelevantes Wissen dienen und Individualentwicklungen wie Coachings, Persönlichkeitsentwicklungsmaßnahmen und so weiter. Beides gilt es, sinnvoll und im Sinn der Unternehmensstrategie und der Mitarbeiterwünsche zu kombinieren. Eine fixe Komplettlösung ist kaum möglich im Customized Management. Eher gilt es, Schlüsse aus den regelmäßigen Gesprächen zum Bedarf zu ziehen und entsprechend zu reagieren. Auf diese Weise kann man die allgemein nötigen Trainings entwickeln und auch Individualmaßnahmen nach Bedarf anstoßen. Maßnahmen, die Start-ups frühzeitig fokussieren sollten, sind die Ausbildung der Manager und die interne Wissensweitergabe über Austauschformate. Bei der Zusammenstellung von Entwicklungsmaßnahmen sollten sich Start-ups nicht allzu stark von den zahlreichen Trainings etablierter Unternehmen leiten lassen, sondern eher das 70/20/10-Prinzip der Personalentwicklung berücksichtigen, welches davon ausgeht, dass 70 % der Entwicklung über das Tun erfolgen, 20 % im sozialen Kontext und lediglich 10 % über externe Trainings. Es reicht also, externe Trainings sehr individuell zu buchen, sobald der Bedarf wirklich entsteht.

Individualität im Management rückt in den Mittelpunkt. Alle übergreifenden Annahmen über Generationen und deren Motive relativieren sich dadurch, dass die individuelle Situation und Motivlage des gleichberechtigten Gegenübers erfasst werden muss. Die eigentliche Kunst ist es, dem Mitarbeiter wirklich zuzuhören und zu respektieren, was ihm wichtig ist, auch wenn Werte und Motive konträr gegenüberstehen. Erst dann kann die Führungskraft zum Befähiger werden: Zu demjenigen, der Dinge möglich macht und sie nicht hindert, wohl aber einen vertretbaren und pragmatischen Weg für die Umsetzung findet. Jemand, der nicht im Weg steht, sondern bei der Zielerreichung begleitet. In solch einer entwicklungsorientieren Beziehung ist es sinnvoll zu verweilen.

11.6 Voraussetzungen für eine erfolgreiche Führungskultur: Warum der Managementstil zum Unternehmen passen muss

Damit eine erfolgreiche Führungskultur implementiert werden kann, müssen einige Vorbedingungen erfüllt sein. Zunächst muss sich jedes Unternehmen – bestenfalls von Anfang an – mit dem eigenen Führungsansatz auseinander setzen, um den künftigen Managern Vorgaben zum eigenen System und Managementstil machen zu können. Unser Ansatz ist nur ein Modell, das auf das jeweilige Unternehmen angepasst werden kann und muss. Ohne Vorüberlegungen zum System, ist keine ganzheitliche Etablierung eines für das Unternehmen authentischen Management-Ansatzes möglich. Dabei ist es wichtig, ein konsistentes, ganzheitliches Kriteriensystem, das auf den Werten des Unternehmens basiert und sich durch alle Systeme (Recruitingkriterien, Feedbackkriterien etc.) hindurchzieht, zu verwenden. Insbesondere sollten die Kriterien, die im Feedback-Gespräch bewertet werden mit den Kriterien korrespondieren, nach denen rekrutiert wird, da sich ansonsten sowohl die Erfolgsmessung als auch eine tragfähige Kultur nur schwer implementieren lassen. Das aus den Überlegungen resultierende Managementsystem, sollte dann bestenfalls in einem Management-Guide zusammengefasst werden, der den Managern des Unternehmens die Grundlagen und Anforderungen erklärt und zur Verfügung gestellt werden kann, sobald sie die Rolle übernehmen.

Mit Blick auf die Unternehmenskultur erfordert der beschriebene Managementstil eine klare Toleranz von Fehlern. Nur Unternehmen, die Fehler als Teil einer lernenden Organisation und wichtigen Faktor für Erfolg akzeptieren, werden den Mut haben, gerade auch ihren unerfahrenen Mitarbeitern so stark zu vertrauen. Auch hier hilft die Grundüberzeugung der Eigenverantwortung: In einer Kultur, in der Eigenverantwortung groß geschrieben wird, werden Fehler akzeptiert, weil damit auch die Fäden in der Hand gehalten werden, um einen Fehler zügig zu korrigieren und gegenzusteuern. Damit wird den Fehlern der Schrecken genommen. Gleichermaßen bedeutet der beschriebene Führungsstil ja eben nicht, den Mitarbeiter alleine zu lassen. Fehler treten, wenn Mitarbeiter wirklich begleitet werden, meist nur moderiert, in abschätzbarem Umfang auf und können damit als Investition in die Ausbildung betrachtet werden. Gerade das ist es, was Mitglieder der Generation Y auch an der Arbeit im Start-up schätzen.

Die Manager zu finden, die solch ein „Customized Management" exzellent umsetzen können, ist sicher, wie bereits erläutert, eine der größten Herausforderungen in der Etablierung des Systems, denn hier dürfte der eigentliche Mangel bestehen. Für die Ausübung dieser Rolle werden exzellente Manager benötigt. Manager also, die ihre eigenen Interessen im richtigen und persönlich vertretbaren Maß hinter die Interessen des Unternehmens und der Teammitglieder stellen können. Nur wenige Manager haben gerade im Start-up diese Reifestufe erreicht, aber an diese ist die Entwicklung des Teams und damit auch die des Unternehmens gebunden. Unternehmen können nur wachsen, wenn die Unternehmensmitglieder mindestens im gleichen Maße mitwachsen. Hier liegt häufig die Beschränkung im Start-up, da das Unternehmenswachstum leicht und schnell die Grenzen des Möglichen im Hinblick auf die persönliche Reifung sprengen kann. Die Reaktion müssten starke Investitionen in die Persönlichkeitsentwicklung der Unternehmensmitglieder auf allen Ebenen sein, die nur viel zu selten und in viel zu geringem Ausmaß vorgenommen werden. Hier liegt einer der größten Wettbewerbsnachteile im Kampf um die besten Talente von Start-ups gegenüber etablierten Unternehmen, die hier deutlich mehr Budgets investieren. Warum Start-ups dennoch nicht einfach erfahrene Manager aus großen Unternehmen einstellen sollten, beschreibt Ben Horowitz sehr gut in seinem Buch „The Hard Things About Hard Things. Building a Business When There Are No Easy Answers“ (vgl. [7], S. 119 ff.).

Es ist dringend notwendig, die vorhandenen Führungskräfte in dem eigenen, wohlüberlegten Führungsansatz und -system und der Ausübung auszubilden, damit sie die Führungs- und Managementprinzipien im Alltag anwenden können. Dies kann meist im Rahmen eines Ein-Tages-Trainings mit Vertretern aus dem Unternehmen realisiert werden und erfordert nicht zwangsläufig Managementtrainer mit hohen Tagessätzen, sondern eine Auseinandersetzung mit wenigen guten Management-Tools und dem eigenen Unternehmen. Am wichtigsten ist es in diesem Zusammenhang, den Managern Wege aufzuzeigen, wie sie eine eigenverantwortliche Arbeitsweise bei ihren Mitarbeitern fördern können, indem sie zum Beispiel nicht einfach deren Probleme lösen, sondern den Mitarbeiter über die richtigen Fragen aus der Rolle des Opfers in die Perspektive eines Gestalters führen, die ihn selbst der Lösung näher bringt. Den Mitarbeiter immer wieder in die Perspektive des Gestalters bringen zu können, ist wichtig, um ihm konsequent zeigen und verdeutlichen zu können, was Eigenverantwortung bedeutet und welche Pflichten mit dem Privileg der eigenverantwortlichen, selbstbestimmten Arbeit verbunden sind. Es bedeutet, den Mitarbeitern Aufgaben zu geben, an denen sie wachsen können. Ohne diese Moderation der Manager würden Mitarbeiter der Generation Y sonst sehr schnell in eine viel zu starke Forderungshaltung verfallen, in denen andere für die Lösung ihrer Probleme verantwortlich gemacht würden. In diesem Moment würde der Ansatz nicht mehr funktionieren. Um die Manager in diesem Lernprozess zu unterstützen, können sich zum Beispiel gezielte Mentorengespräche mit erfahrenen Führungskräften einmal monatlich oder ein Management Circle, in dem sich die Manager einer Ebene austauschen, anbieten.

11.7 Kündigungen und Offboarding: Warum auch sie zum Talent und Retention Management gehören

Die Stabilität einer Beziehung ist nach den bisherigen Ausführungen für den Mitarbeiter so lange gegeben und sinnvoll, wie die Arbeitsbeziehung das Kriterium der Gleichberechtigung erfüllen kann. In dem Moment, in dem der Mitarbeiter das Gefühl hat, weniger zurück zu bekommen, als er investiert, ist die Aufrechterhaltung des Vertrages für ihn nicht mehr sinnvoll. Ähnliches gilt für den Manager, der regelmäßig die Ergebnisse und den investierten Aufwand bewertet. Sobald die Gleichung auf einer Seite nicht mehr stimmt, verliert sie im Digitalen Zeitalter ihre Stabilität. Wenn diese nicht mehr über Maßnahmen, die aus den gemeinsamen Gesprächen entstehen, hergestellt werden kann, ist nur noch eine Rollenveränderung oder Kündigung möglich.

Bei der Bewertung der Beziehung und der Ergebnisse ist die Reflektionsfähigkeit der beteiligten Personen von zentraler Bedeutung: Nur wenn sich Eigen- und Fremdeinschätzung decken, können gemeinsam rationale Entscheidungen getroffen werden, die das bestmögliche Ergebnis hervorbringen. Die erläuterten Gesprächsformate unterstützen dabei, Eigen- und Fremdbild ständig abzugleichen und notwendige Entscheidungen vorzubereiten. Insbesondere, wenn auf einer Seite die nötige Reflektion und Ehrlichkeit fehlt, helfen nur objektive Kriterien und klare Zielvereinbarungen, um Entscheidungen begründen zu können.

Sobald die Gegenseitigkeit der Arbeitsbeziehung also nicht mehr gegeben ist oder nicht wieder hergestellt werden kann, ist es wichtig, zeitnah die Konsequenzen daraus zu ziehen, da das Ungleichgewicht auch die Stabilität der anderen Beziehungen im Team belasten kann. Da es die Verantwortung der Führungskraft ist, diese Stabilität im Team zu erhalten und wiederum für die Bindung der anderen Teammitglieder zu sorgen, gehört es auch zum Retention Management dazu, sich von den „falschen" Mitarbeitern zu trennen. Auch für den Mitarbeiter selbst ist dies häufig der einzig sinnvolle Schritt zu langfristiger Zufriedenheit. Verbleibt ein Mitarbeiter trotz Unzufriedenheit in der Beziehung, wird auch hier gegebenenfalls die Möglichkeit verschenkt, eine bessere Option wahrzunehmen. Ist also klar, dass eine weitere Zusammenarbeit nicht zufriedenstellen kann, sollte die logische Konsequenz eine zügige und erwachsene Trennung sein – egal von welcher Seite. Nur die wenigsten Mitarbeiter und Manager handeln hier jedoch mit aller Konsequenz, weil Trennungen immer mit Konflikt und Auseinandersetzung in Verbindung gebracht werden.

Aus diesem Grund sollten beide Seiten von Anfang an immer die Option der Kündigung im Blick haben, dabei aber die Kündigung weniger als Trennung, sondern mehr als eigenverantwortliches Handeln betrachten, das der Person selbst und auch dem Gegenüber dient, weil eine nicht optimale Situation dadurch im Fall der Kündigung verändert wird. Mit dieser Perspektive verlieren Kündigungen ihren Schrecken. In diesem Moment können Manager und Mitarbeiter im gegenseitigen Respekt auseinandergehen und die zugrunde liegende Beziehung erhalten. Dies sollte immer die Handlungsmaxime bei Kündigungen sein: Die zugrunde liegende Beziehung sollte bestmöglich geschützt werden. Ein respektvoller und sauberer Offboarding-Prozess gehört zu einer Kündigung dazu, wie das Onboarding am Anfang einer Arbeitsbeziehung.

Bindung ist im digitalen Zeitalter deutlich schwieriger geworden. Sie ist möglich, aber häufig eine Bindung auf Zeit, weil es schwierig ist, eine solche Förderbeziehung über einen sehr langen Zeitraum zu erhalten, insbesondere wenn sich Mitarbeiter – auch durch die Ausbildungsmaßnahmen, die sie erhalten – schnell entwickeln. Es gehört daher zum Retention Management dazu, zu erkennen, wann diese Gleichung nicht mehr aufgeht, weil eine Seite nicht genug zurückgeben kann oder erhält. In diesem Fall ist es wichtig, auch wertvolle Mitarbeiter gehen zu lassen. Wenn dieser wirklich im Mittelpunkt der Handlungen steht, gehört dies eben auch in aller Konsequenz zu seiner Weiterentwicklung und Förderung dazu. Selbst nach dem Ende der gemeinsamen Arbeitsbeziehung wird sich diese Haltung im Sinne der Employer Brand und des Unternehmensnetzwerks auszahlen. Lassen Sie also Mitarbeiter gehen, die Sie nicht halten können, und versuchen Sie nicht jemanden gegen seinen Willen zu binden. Es wird nicht auf Dauer funktionieren: Mitglieder der Generation Y kann man nur binden, wenn und solange sie gebunden werden möchten.

11.8 Herausforderung im Retention Management: Warum ein System nicht für alle Generationen funktioniert

Schwierig wird die Bindung von Mitarbeitern, wenn unterschiedliche Generationen mit jeweils konträr unterschiedlichen Motivlagen und Wertevorstellungen im Unternehmen zusammenarbeiten, was der Regelfall für etablierte Unternehmen sein dürfte. Unternehmen wie Start-ups, die fast ausschließlich „Digital Natives“ einstellen und ihre Organisationen gerade aufbauen, können sich von Anfang an komplett auf die Anforderungen einer Generation einstellen und ihren Führungsstil, ihre Anreizsysteme und Organisation vollkommen auf die Motive der Generation Y ausrichten. Meist gehören die Manager dort selbst ebenfalls zur gleichen Generation.

Anders spielt sich dies in reiferen Unternehmen ab, die es heute schaffen müssen, die unterschiedlichen Motive der vertretenen Generationen gleichzeitig zu bedienen, dabei dem Wunsch aller nach Wertschätzung und Gleichberechtigung gerecht zu werden, ohne zu viele Parallelsysteme aufzubauen. Ihr größtes Problem besteht in unseren Augen darin, dass die Managementebenen etablierter Unternehmen naturgemäß fast ausschließlich mit Managern der Generation der Babyboomer und der Generation X besetzt sind (vgl. [5]), die in hohem Maße noch entlang überholter Managementprinzipien handeln, die eben keine Gleichberechtigung und Interaktion auf Augenhöhe fördern, sondern klare Hierarchien befürworten.

In solch einem praktizierten Ansatz legitimiert sich die Führungskraft nicht wie im Companionship-Ansatz über einen Vorsprung gegenüber den Geführten, der Entwicklung für diese bedeutet, sondern vielmehr über die Hierarchiestufe und den Titel. Nach dem Prinzip des Förderns und Beförderns folgt, dass aus Mitarbeitern Manager werden, wenn sie für das Unternehmen erfolgreich tätig waren und dies auch zukünftig erwartet werden kann.

Vor dem Hintergrund der Ergebnisorientierung der Generation Y fordert sie: Nur wer sie fachlich und mit besonderen Fähigkeiten künftig zu sinnvollen Ergebnissen führen kann, wird respektiert. Ohne Kompetenz, keine Führungsbeziehung und damit auch keine Legitimation. Damit gewinnt die Führung von Themen zum Zweck eines gemeinsamen Ziels gegenüber der reinen (machtvollen) Führung über Hierarchie und Alter an Bedeutung und ruft nach neuen Organisationsmodellen, mindestens aber dem Hinterfragen der eigenen Führungskräfte, und ob sie diesen Anforderungen gerecht werden. Wer die Generation Y binden will, braucht Führungskräfte, die die neuen Bedürfnisse verstehen und auf sie eingehen können und möchten und die Macht ausschließlich positiv zum Zwecke der Entwicklung von Unternehmen und Team einsetzen, nicht zum eigenen Vorteil auf Kosten der Mitarbeiter. Solange aber gute Führung daran gemessen wird, ob die Mitarbeiter das machen, was der Manager von ihnen will, egal ob es dem Ganzen dient, und gleichzeitig von den Mitarbeitern erwartet wird, dass sie eigenständiger denken und handeln, wird es einen Grundkonflikt in den Unternehmen geben, der nur über die Veränderung des Führungsansatzes zu lösen ist.

Für die Zusammenarbeit unterschiedlicher Generationen wird daher ein ganzheitlicher Ansatz benötigt, welcher unter anderem auch klärt, wie Anreizsysteme künftig gestaltet werden. Bisher gewährte Anreizsysteme sind in reiferen Unternehmen meist noch auf die ehemals verbreiteten Interessenlagen, zum Beispiel Statussymbole und Gehalt, abgestimmt. Neue Anreizmodelle sollten aber auch nicht einfach zusätzlich angeboten werden, da dies zu ineffizient in der Verteilung wäre. Aber auch wenn es Unterschiede gibt, auf die insbesondere im Bereich der Incentives reagiert werden muss, lehnen Mitarbeiter anderer Generationen nicht unbedingt die Dinge ab, die der Generation Y wichtig sind. Ganz im Gegenteil: Viele von ihnen sind beispielsweise hinsichtlich der Flexibilisierung der Arbeit in unserer Beobachtung sehr aufgeschlossen, so dass es sich lohnt, insbesondere hierüber nachzudenken und auch sie erwarten immer stärker eine wertschätzende Behandlung auf Augenhöhe. Wenn es nun unterschiedliche Möglichkeiten und Arbeitsformen für Mitarbeiter gibt, die frei gewählt werden können, stellt sich schnell die Frage nach der Fairness zwischen den Mitarbeitern. „Ist es fair, dass die ‚Jungen' erst 10 Uhr kommen, 1.5 h Mittagspause machen und gehen können, wann sie wollen?" Die Antwort lautet: Ja, in einem System, in dem über Ergebnisorientierung gesteuert wird. Wenn lediglich die Ergebnisse für die Bewertung und daraus entstehende Entwicklungen relevant werden und alles Weitere weitestgehend über die Beziehungen selbst, beziehungsweise „Customized Management" gesteuert wird, stellt sich automatisch ein Grundgleichgewicht ein, das es verbietet, Freiheiten zu stark auszunutzen, weil dann Ergebnisse nicht mehr geliefert werden könnten.

In Unternehmen, in denen Ergebnisorientierung und Eigenverantwortung als Werte einziehen, dürfte sich nach unserer Vermutung auch der Einfluss von Betriebsräten verringern, da dann nicht mehr anderen die Verantwortung für das Durchsetzen der eigenen Interessen übertragen wird, sondern eher das Prinzip ‚Love it, leave it or change it' gilt. Sobald Unzufriedenheiten mit bestimmten Punkten auftauchen, sieht man sich künftig – folgt man den beobachtbaren Trends – vorrangig selbst in der Pflicht, etwas daran zu ändern oder hat als gut ausgebildetes Talent jeden Alters im „War for Talent" auch die Chance, das Unternehmen zu verlassen, wenn man es nicht ändern kann.

Die beschriebenen Mechanismen sind in begrenztem Umfang auch auf Organisationen übertragbar, deren Mitarbeiter kaum Wahl- und Wechselmöglichkeiten aufgrund ihrer Bildungs- oder Lebenssituation haben. Auch wenn es hier natürlich Einschränkungen, gerade auch mit Blick auf die Flexibilisierung der Arbeit gibt, lassen sich trotzdem auch einige der Erkenntnisse übertragen, da auch diese Mitarbeiter veränderte Wertesysteme mitbringen. Lässt sich beispielsweise in der produzierenden Industrie die Arbeit nicht oder kaum flexibilisieren, gibt es doch immer die Möglichkeit, dem Wunsch nach Beziehungsqualität nachzukommen. Chefs können abseits aller vorhandenen Managementsysteme in die gemeinsame Beziehung und die Beziehungsintensität zwischen den Teammitgliedern investieren. Sie können im Rahmen ihrer Entscheidungsfreiräume Lösungen schaffen und sich darum kümmern, dass der Arbeitsort zu einem Ort wird, an den man gerne kommt. Vorgaben braucht es dafür nicht, lediglich den Willen, wirklich etwas für seine Mitarbeiter zu tun. Genau hieran mangelt es jedoch noch vielen Unternehmen und Vorgesetzten.

Zusammenfassung: Retention Management

- Bindung erfolgt im digitalen Zeitalter maßgeblich über Beziehungen, in denen der Mitarbeiter als Mensch, nicht als Ressource im Mittelpunkt steht. Es gilt: „Ich folge, wem ich wichtig bin und wer mich bei meiner Selbstverwirklichung unterstützt“. Gleichberechtigung und Augenhöhe werden zum zentralen Element der Beziehungsgestaltung.
- Die Führungskräfte (Manager und oberste Führungsebene) werden daher zum zentralen Element für Bindung, da sie diese Beziehungen aufbauen und die Erwartungen erfüllen.
- Wer Talente anziehen und binden will, sollte intensiv in seine Führungskräfte investieren. Nur wem es gelingt, die besten Führungsköpfe an Bord zu holen und auszubilden, wird es auch schaffen, die Herausforderungen im digitalen Zeitalter zu meistern und die besten Talente zu gewinnen und vor allem auch nachhaltig zu binden.
- Bei der Erfüllung der Erwartungen der Mitarbeiter hilft der Companionship-Ansatz, auch Supportive Leadership genannt. Dabei nimmt der Manager die Rolle eines Begleiters ein, der dem Mitarbeiter dabei hilft, bestmögliche Ergebnisse im Rahmen eigenverantwortlicher Arbeit zu erreichen. Der Handlungsrahmen wird dabei durch die Unternehmenswerte gesetzt. Es gilt das Prinzip der Eigenverantwortung und „kontrollierten Freiheit“.
- Die Beziehung zwischen Mitarbeiter und Manager ist durch Partnerschaftlichkeit geprägt, beschreibt aber dennoch eine klare Führungsbeziehung, das heißt, sie folgt klaren Regeln. Die Legitimation der Führungskraft ergibt sich dabei über einen inhaltlichen und persönlichen Vorsprung, der Förderung ermöglicht. Als Führungskraft wird nur derjenige akzeptiert und respektiert, der dieser Rolle auch gerecht werden kann und die zugewiesene Macht nicht zu eigenen Zwecken, sondern in positiver Absicht für die Gemeinschaft einsetzt.
- Es liegt in der Verantwortung des Managers
  - ein Team so zusammenzustellen und zu managen, dass stabile Beziehungen entstehen und in der Folge bestmögliche Ergebnisse erreicht werden können.
  - ein Verständnis der individuellen Probleme und Bedürfnisse des einzelnen Mitarbeiters zu gewinnen, um Lösungen entwickeln zu können.
  - die Mitarbeiter entlang ihrer Bedürfnisse und der der Organisation stetig weiter zu entwickeln.

- Mitarbeitergespräche gehören zum zentralen Instrument für die Umsetzung des Customized Management – dem Managementprinzip, das mit der Companionship-Kultur einhergeht –, indem mit flexiblen Lösungen auf die Bedürfnisse der Mitarbeiter reagiert wird. Unternehmen müssen ihre Systeme individuell entsprechend ihrer Werte anpassen.
- Management bedeutet in dieser Definition, dem Mitarbeiter zuzuhören, mit flexiblen Lösungen auf ihn einzugehen und sich so weit als Person zurück zu nehmen, wie es der eigenen Identität erlaubt ist, um die Mitarbeiter entlang ihrer Motive für das zu begeistern, was gleichzeitig auch sinnvoll für die Organisation ist.
- Ein strukturiertes System aus Erwartungs- und Feedback-Gesprächen auf Basis konsistenter Kriteriensysteme, die die Werte des Unternehmens abbilden, ist die Grundlage für einen permanenten Erwartungsabgleich und so ein langfristiger Hebel für die Zufriedenheit auf beiden Seiten.
- Auch wenn sich einzelne Maßnahmen nur begrenzt auf andere Modelle übertragen lassen, lassen sich die Grundprinzipien immer anwenden. In jedem Modell kann man auf veränderte Anforderungen reagieren.
- Auch Kündigungen gehören zum Retention Management dazu. Trotz einer Trennung sollte die zugrunde liegende Beziehung bestenfalls nicht geschädigt werden.

Weiterführende Literatur

1. Bents R, Blank R (1997) Der MBTI: die 16 Grundmuster unseres Verhaltens nach C. G. Jung, Claudius, München
2. Branham L (2005) The 7 hidden reasons employees leave: how to recognize the subtle signs and act before it's too late, Aufl. 1. AMACOM, New York
3. Buckingham M, Coffman C (1999) First, break all the rules: what the world's greatest managers do differently, Aufl. 1. Simon & Schuster, New York
4. Deloitte | Human Capital Strategie | Die Manager für die Generation Y [WWW Document] (n.d.) http://www.deloitte.com/view/de_DE/de/dienstleistungen/consulting/human-capital/organization_change/f14b3c57b0dfc310VgnVCM1000003256f70aRCRD.htm. Zugegriffen: 30. April 2013
5. DGFP (2011) Zwischen Anspruch und Wirklichkeit: Generation Y finden, fördern und binden, PraxisPapier 9/ 2011, Herausgeber: Deutsche Gesellschaft für Personalführung e. V., Düsseldorf, ISSN 1613–2785
6. Hocklink S (2014) Wie können wir junge Mitarbeiter halten? http://www.zeit.de/karriere/beruf/2014-04/chefsache-fluktuation-generation-y. Zugegriffen: 19. Juli 2014
7. Horowitz B (2014) The hard thing about hard things: building a business when there are no easy answers. HarperBusiness
8. Klaffke M (2011) Personalmanagement von Millennials: Konzepte, Instrumente und Best-Practice-Ansätze, Aufl. 2011. Gabler, Wiesbaden
9. Oetting M, Niesytto M, Sievert J, Dost F, trnd Forschung – Mundpropaganda Monitor 01 (2010) Positive Mundpropaganda wirkt stärker als negative – weil sie hängen bleibt!
10. Parment A (2013) Die Generation Y: Mitarbeiter der Zukunft motivieren, integrieren, führen, Aufl 2, vollst. überarb. u. erw, Aufl. 2013. Gabler, Wiesbaden

11. Reiss S (2009) Das Reiss Profile: Die 16 Lebensmotive. Welche Werte und Bedürfnisse unserem Verhalten zugrunde liegen, Aufl 3, 2013. GABAL, Offenbach
12. Thoma C (2011) Erfolgreiches Retention Management von Millennials. In: Promovierte D.M.K. (Hrsg) Personalmanagement von Millennials. Gabler, S 163–179
13. Tulgan B (2009) Not everyone gets a Trophy: how to manage generation Y. Joey-Bass, San Francisco
14. Vik DD (2013) The culture secret: how to empower people and companies no matter what you sell. Greenleaf Book Group Press, Austin
15. Winterhoff M (2008) Warum unsere Kinder Tyrannen werden: Oder: Die Abschaffung der Kindheit, Aufl 21. Gütersloher Verlagshaus, Gütersloh

12 Fazit

Es lässt sich nicht mehr abstreiten: Fakt ist, dass sich die Anforderungen der Mitarbeiter im digitalen Zeitalter stark verändert haben und auf Unternehmensseite ein wesentlich höheres Commitment für die Themen Recruiting und Retention Management erforderlich machen. Fakt ist, dass den top ausgebildeten Talenten von heute die demographische Entwicklung in die Hände spielt und förmlich ein Diktat des Talents entstehen lässt. Fakt ist, dass auch die Anforderungen an die Mitarbeiter stetig weiter steigen und damit die Mitarbeitergewinnung und -bindung noch herausforderungsvoller werden. Fakt ist aber auch, dass es Wege für Unternehmen gibt, diejenigen exzellent passenden Mitarbeiter zu finden und zu halten, die sie für die Umsetzung ihrer Visionen benötigen. Hierfür sind jedoch Verhaltensänderungen und auch eine Neubewertung von HR als oberste strategische Unternehmensfunktion notwendig.

Die damit verbundenen Aktivitäten und Maßnahmen werden zwar zeit- und kostenintensiver, aber es gibt Lösungen, die die langfristige Wettbewerbsfähigkeit der Unternehmen sichern. Hier liegt es allein in der Entscheidungsgewalt der Gründer beziehungsweise der Unternehmensführung, die entsprechenden Ressourcen dafür bereit zu stellen. Wer sich weiterhin beschwert, ist nicht bereit die notwendigen Veränderungen anzustoßen und zu handeln.

Seth Godin hat dieses Verhalten mit Blick auf Unternehmen treffend beschrieben: „There's no shortage of remarkable ideas. What's missing is the will to execute them." Mit Blick auf die aktuelle Situation auf dem Arbeitsmarkt könnte diese Erkenntnis umformuliert werden in „There's no shortage of remarkable people. What's missing is the will to find them, convert them and enthuse them." Das würde exakt beschreiben, was wir häufig beobachten.

Genau um diese Erkenntnis geht es im digitalen Zeitalter: Geben Sie den Begriff des Fachkräftemangels auf! Er legt die Verantwortung in die Hände von anderen, in die Hände

C. Buchheim, M. Weiner, *HR-Basics für Start-ups,* DOI 10.1007/978-3-658-03893-9_12

der Politik und berücksichtigt dabei nicht die eigenen Lösungsmöglichkeiten, die offensichtlich zur Verfügung stehen, aber Veränderungen bedeuten. Viel hilfreicher ist es dagegen, vom Wettkampf um die besten Talente auszugehen, in dem bewusst die Entscheidung gefällt werden sollte, die Herausforderung anzunehmen, zu kämpfen und zu gewinnen. Und kämpfen bedeutet an dieser Stelle zu investieren und sicherzustellen, dass bei geändertem Informationsverhalten die passenden Bewerber von der Stelle erfahren, dass eine authentische und ganzheitliche Arbeitgebermarke die Konvertierung der Kandidaten unterstützt und die Führung im Unternehmen so mitarbeiterzentriert ist, dass die gewonnenen Talente nachhaltig gebunden und begeistert werden, was wiederum neue Talente anzieht. Nur dann ist ein Unternehmen wirklich attraktiv und hat die Chance, die Besten anzuziehen und zu halten. Den Führungskräften im Unternehmen kommt dabei eine zentrale Rolle zu: Sie werden zum Alleinstellungsmerkmal und Retention-Faktor im „War for Talent" – alles andere lässt sich kopieren.

Nur wenige Unternehmen sind aktuell bereit, diese Erkenntnisse wirklich umzusetzen, indem sie HR zur strategischen Aufgabe machen, gleichermaßen in die Führungskräfte und ins Recruiting investieren und den damit verbundenen Aufwand in Kauf nehmen. Im Kampf um die besten Talente werden sich aber nur diejenigen Unternehmen durchsetzen, die jetzt auch handeln. Diese Veränderungen der Rahmenbedingungen sollten also ernst genommen werden.

Gerade Start-ups könnten in den kommenden Jahren zur Konkurrenz von etablierten Unternehmen werden, da sie bei der Talentgewinnung sehr vieles anders machen. Schaffen sie es zudem, in den kommenden Jahren auch die besten Führungskräfte zu gewinnen, auszubilden und zu halten, haben sie eine Chance im „War for Talent" an den Großen vorbei zu ziehen. Das Prinzip ist dabei einfach: Wer künftig die besten Führungskräfte im Unternehmen beschäftigt, wird auch die besten Mitarbeiter gewinnen und halten können. Es ist also an der Zeit, in die Führungskräfte zu investieren und Führungsprinzipien zu überdenken. Sie werden den Unterschied im „War for Talent" machen.

17541257R00103

Printed in Poland
by Amazon Fulfillment
Poland Sp. z o.o., Wrocław